天鹰椒高效生产技术问答

张金琢 编著

金盾出版社

内 容 提 要

本书由河北省冀州市农业局专家编著。全书以问答形式介绍了天鹰椒生产的现状与发展、良种选育与繁殖、生物学基础知识、土壤肥料、播种育苗、整地移栽、田间管理，以及天鹰椒夏栽、病虫害防治、收获贮藏等10个方面的科学知识，并附有天鹰椒无公害生产技术规程等。本书内容丰富、全面、实用，文字通俗易懂，可供广大天鹰椒生产者及基层农业技术人员参考。

图书在版编目(CIP)数据

天鹰椒高效生产技术问答/张金琢编著.—北京:金盾出版社,2006.6
ISBN 978-7-5082-4034-3

Ⅰ.天…　Ⅱ.张…　Ⅲ.辣椒-蔬菜园艺-问答　Ⅳ.S641.3-44

中国版本图书馆 CIP 数据核字(2006)第 029645 号

金盾出版社出版、总发行
北京太平路 5 号(地铁万寿路站往南)
邮政编码:100036　电话:68214039　83219215
传真:68276683　网址:www.jdcbs.cn
封面印刷:北京印刷一厂
正文印刷:北京金盾印刷厂
装订:永胜装订厂
各地新华书店经销
开本:787×1092 1/32　印张:4　字数:88千字
2009 年 2 月第 1 版第 4 次印刷
印数:26521—37520 册　定价:6.00 元

前　言

　　天鹰椒是一种小型经济作物,我国南北方均有规模种植,近年来种植面积在不断扩大,由于缺乏较为系统、深入的研究,农民在生产中遇到一些具体问题时可借鉴、参考的资料很少。针对此种情况,根据河北省冀州市近20年天鹰椒生产实践经验及生产中出现的一些问题编写了此书,目的在于为天鹰椒种植者以及打算种植天鹰椒的农民提供帮助和参考,使他们在生产中掌握一定的生产技术,有针对性地做好技术防范,少走弯路,避免生产失误,造成不必要的经济损失。

　　冀州市在天鹰椒生产上曾出现过产量降低、品质下降、种植面积缩小等一系列问题。经过深入细致的田间调查及与椒农座谈,发现生产中存在许多技术问题,我们及时采取措施,通过有针对性的技术培训,使冀州市天鹰椒单产得到了大幅度的提高,种植面积得以恢复并不断扩大,带动了邻近的枣强县、景县、深州市、桃城区、故城县、武强县、辛集市、南宫市、威县、新河县等十几个县、市、区,区域种植面积达2万公顷,冀州市已成为该区域的产品集散中心、技术输出中心。冀州市周村辣椒专业市场也因此成为农业部认定的65个全国性定点农产品批发市场之一。

　　天鹰椒的生产需要统筹考虑好育苗与整地、移栽、田间管理等各个生产环节的衔接。要根据天鹰椒的生育特点,积极采取预防性措施,防止可能导致植物正常生长发育过程被干扰、破坏或阻抑的情况发生。生产中一旦遇到自然灾害等不利于天鹰椒正常生长发育的障碍,要及时采取补救措施,把各种危害造成的损失降到最低限度。

　　本书针对农民在天鹰椒生产中存在的一些问题，结合冀州市的生产实践，采取问答的形式，简单阐述了天鹰椒的现状与发展，良种选育与繁殖，生物学特性及其对温、光、水、气、肥等基本栽培条件的要求，提出了解决某些生产问题，如天鹰椒夏栽、病虫害防治、收获贮藏等技术建议，以期使天鹰椒生产者能较好地掌握技术。

　　由于笔者水平有限，书中的一些技术措施难免会有错误或地域局限性，敬请读者批评指正。

编著者

2006 年 3 月

目　录

一、现状与发展

1. 我国天鹰椒的分布有什么特点?

我国天鹰椒的种植范围很广,北到黑龙江省、南到海南省的十几个省区都有种植,跨越了我国从热带、亚热带、北温带到北寒带4个不同的气候区域。这与天鹰椒适应性广的遗传特性是分不开的,再加上各地多采用保护地育苗、大田移栽的栽培方式,人为地缩短了田间生育期,不仅使无霜期较短的地区可以种植,在无霜期较长的其他地区,通过间作、套种,也可以实现大幅度的增收。天鹰椒每667平方米收入1 500~2 000元,加上间作套种作物的收入,每667平方米收入可达到2 500元以上,比我国主要经济作物之一的棉花每667平方米收入要高出300~1 000元。天鹰椒在我国十几个省份的种植中多为零星分布,种植面积较大的省份有河北省、河南省等。在一些地区,它已经成为一方农民增收致富的首选经济作物,经济来源的支柱产业。天鹰椒生产的发展,也带动了相关地区的加工、贸易、运输、餐饮等相关行业的发展。

2. 我国天鹰椒生产的优势是什么?

我国干制辣椒在世界范围内一直享有较高的声誉,也是主要的干辣椒出口国。我国干辣椒有着悠久的栽培历史,河北的望都、山东的益都、四川的成都是中国历史上闻名的"辣椒三都",它们除具有各自的特色产品外,还积累了丰富的实践经验。

国内干制辣椒的主要种类有皱椒、板椒和小椒三大类。天鹰椒是小椒类中的一个品种,是20世纪80年代从日本引进的。经过20多年的不断选育,各地的天鹰椒性状与原品种相比都略有改变,形成了各自的地方品种,辣度高、品质优,成为市场上备受欢迎的产品。各地经多年的生产,也形成了一套完善的技术措施,使得单位面积的产量、效益不断提高,并达到了较高水平。

良好的农业生产条件、丰富的气候资源、充裕的劳动力资源,也是我国辣椒生产的优势所在;广阔的土地资源,使得我国的辣椒生产能够在局部受灾的情况下,保持国内市场的相对稳定。

辣椒具有良好的医疗保健作用,大量人口的广泛流动,使得中国食辣之风日盛,食辣人群大增,辣椒已不再是南方人群特有的消费品,北方食辣一族正在兴起,这将成为我国干制辣椒生产进一步发展的动力。

3. 我国天鹰椒的出口情况如何?

我国天鹰椒引进种植初期的出口比率较大,主要出口港为天津港、上海港,出口国有新加坡、日本、马来西亚、欧美等国家。国家开放外贸权,部分企业获得出口权后,有的企业因忽视质量管理,引起外商退货、索赔,给天鹰椒的出口造成了一定的不良影响,影响到产品的对外销售;产地农民一味追求高产量,忽略了本地产品的特异性,使产地品种特性不断发生改变,品种混杂退化严重,内在品质有所下降,也影响到出口信誉和效益。这就要求政府相关部门,应加强对生产环节和出口企业的管理和引导,制定相应标准,规范生产和企业行为,使企业行为有章可循,保证货源质量不断提高。这是我国天鹰椒出口效益不断提高的前提条件。

4. 我国天鹰椒生产有什么特点？

我国地域辽阔,气候资源南北差异很大,天鹰椒引进种植后的20多年中,因它在国内分布十分零散,面积相对较小,国家也没有单一的天鹰椒产品质量标准,天鹰椒的产品质量分级按照《中华人民共和国国家标准》(GB 10465—89)中的"辣椒干"标准执行。天鹰椒在各地长期种植后,都出现过种性退化的现象,主要种植地对原天鹰椒品种多进行了提纯复壮的筛选工作,筛选出的种子与原天鹰椒品种相比多少都有了变异,多数椒型变大,产量提高。故现在国内的天鹰椒品种多是以产地为依托,形成了具有自己特色的品种,在选育过程中,针对当地气候特点及主要病害定向选育,也使得这些品种在品种特性上有了较大的差异,但它们在当地多表现性状优良,产量较高。因为各地品种及相应栽培技术的差异,各地经验只能相互借鉴,不能照搬。

5. 天鹰椒主产区如何实现持续发展战略？

一是及时发现问题、解决问题。及时发现并解决生产中出现的新情况、新问题,是一个产区实现长远发展的基础。国家提出的县域经济、地方特色经济,对种植业来讲,需要多则十几年,少则几年的时间才能形成一定的规模和特色,并投入极大的人力、物力、财力。如不精心呵护,及时发现并解决生产中出现的一系列问题,就有可能"昙花一现"。农业生产过程中,一家一户的生产方式,许多问题农户没有能力解决,如种性退化、农田水利设施的建设和改造、重大病虫害的防控等,都需要政府部门投入人力、财力、物力及时加以解决。

二是重视科学技术研究,加快新技术的普及推广,提高农民的种植效益。科学技术是经济发展的活力和动力。在天鹰椒生产中,一系列的技术问题如品种、密度、种植方式、病虫害防治、产品的加工利用、间作套种等都是应该具体研究的课题,只有不断进行研究,以科技为依托,优化、推广先进的生产技术,提高生产效益,天鹰椒特色产业才能得到持续健康的发展。不重视科学研究和科技投入,将使地方经济失去发展的动力。

三是进行产品的深加工,提高产品的附加值。对主要生产区域来说,天鹰椒生产除农业生产外,还应考虑产品的加工增值。农业生产只是初级产品的生产、原材料的生产,产品的加工是再生产,具有极高的附加值。天鹰椒果实的辣椒素、辣椒红素含量很高,价格不菲,辣椒素的价格几近于黄金,辣椒红素是优质天然色素,具有广阔的商业用途。如能进行开发,将身价倍增。企业与产地可互相依托,协调发展。

6. 天鹰椒的主要用途有哪些?

天鹰椒的用途很广,目前国内仍以食品市场消费为主,用于烹调或做调料,在我国的云、贵、川、陕、湘、鄂、赣等省份,因喜食辛辣味而具有广阔的消费市场。其果品中除含有大量的营养成分外,天鹰椒果实的茄红素含量在2.5%左右,辣椒素含量在0.5%以上。有研究认为辣椒有延缓衰老、镇痛,预防支气管炎、胃癌等医疗保健作用。传统医学认为辣椒具有"祛风、行血、散寒、解郁、导滞"的性能,能增进食欲,促进循环,但一次食用量不能过大,否则可能导致胃及口腔过度充血,引起胃蠕动剧增及腹痛。患有胃病、溃疡、痔疮、高血压病的人,也不宜食用,以免对病情产生不良的影响。

7. 为什么要进行农产品的无公害生产？

农产品的无公害生产,是当今社会健康消费的重要课题,这是基于我国近几十年来农业生产上为提高农作物产量大量使用高毒、高浓度农药,造成了农产品的农药污染而提出的,这也是中国农产品走向世界的新要求。粮食、蔬菜、水果、肉、蛋、奶等农产品,与人民的生活密切相关,它为人们提供人体所需的热能、蛋白质、脂肪、矿质元素、维生素等营养,是人类赖以生存的基础物质。食用的目的是延长寿命、促进健康,但农产品残留大量的有害物质,与健康消费的目的是格格不入的。人们一旦食用这类产品,除农药残留量大的会引起急性中毒外,更多的还是因长期食用这类食品造成的慢性、积累性毒害,从而对身体健康造成潜在危害。肝脏是人体的排毒、解毒器官,长期的高负荷工作状态,会使肝脏正常的生理功能受到破坏,有的毒素的代谢过程很慢,长期在内脏器官存留就会对相应器官造成毒害,直至发生恶性病变。

目前,国家及各级地方政府都制定了无公害农产品生产的土壤标准、环境标准,规定了化肥、农药的限用品种及限用次数,无公害农产品的监测体系正在形成。尽快认识到无公害生产的紧迫性,全面进行优质农产品的生产,提升农产品品质,实现由数量型生产向质量型生产的转变,是我国农业生产今后一段时间内的首要任务。

8. 国家对农药的使用有何具体规定？

为从源头上解决农产品尤其是蔬菜、水果、茶叶的农药残留超标问题,农业部在对甲胺磷等 5 种高毒有机磷农药加强登记管理的基础上,又停止受理一批高毒、剧毒农药的登记申请,撤销一批高毒农药在一些作物上的登记。下面为 2002 年 6 月 5 日中华人民共和国农业部第 199 号公告明令禁止使用的农药和不得在蔬菜、果树、茶叶、中草药材上使用的高毒农药品种。

国家明令禁止使用的农药(18 种):

六六六、滴滴涕、毒杀芬、二溴氯丙烷、杀虫脒、二溴乙烷、除草醚、艾氏剂、狄氏剂、汞制剂、砷类、铅类、敌枯双、氟乙酰胺、甘氟、毒鼠强、氟乙酸钠、毒鼠硅。

在蔬菜、果树、茶叶、中草药材上不得使用的农药(19 种):

甲胺磷、甲基对硫磷、对硫磷、久效磷、磷胺、甲拌磷、甲基异柳磷、特丁硫磷、甲基硫环磷、治螟磷、内吸磷、克百威、涕灭威、灭线磷、硫环磷、蝇毒磷、地虫硫磷、氯唑磷、苯线磷。

三氯杀螨醇、氰戊菊酯不得用于茶树上。

任何农药产品都不得超出农药登记批准的使用范围使用。

天鹰椒上的农药使用可参照蔬菜类的使用规定执行。

二、种子知识

9. 种植天鹰椒为什么不提倡用自留种？

天鹰椒是以自花授粉为主的作物，但异花授粉率较高，达10%～15%，有的认为小果型簇生天鹰椒田间异交率高达45%，属常异交作物。天鹰椒的雌蕊（花柱）成熟时间早于雄蕊（花药）约5小时以上，雌蕊成熟后极易接受来自其他植株或品种的花粉，造成杂交。自己留种由于缺乏必要的隔离，缺乏相应的选种育种手段及相关知识，只重视角形、颜色、大小等外观品质，容易造成种性不断退化，可表现为杂株、椒型变大、果实变形、抗病能力及产量降低、辣度等内在品质变劣等。因此生产中不提倡自留种子，特别是长期自留种子种植。

10. 种植天鹰椒如何选择种子？

天鹰椒属于小类别经济作物，其栽培面积相对较小。国内种植的天鹰椒多是从日本引进的枥木三樱椒或其后代。受种子繁育条件及经济效益等多方面因素的影响，各种子繁育单位拥有的多是各自商业品牌的种子，而不是纯种；一些单位可能存在不注重种子选育或良种选育手段落后等问题，从而影响种子的生产力及种子的遗传质量，种子市场上难免出现种子质量参差不齐的现象。因此，选购种子时应尽量选择具有典型天鹰椒特性、研发能力强、良种选育手段先进、信誉好的厂家的种子。

11. 家庭如何贮存种子？

家庭贮存种子要选择温度低、干燥、通风条件好的环境，防止与尿素、碳酸氢铵等挥发性强的化肥同室贮存。另外，还要防煤烟气、防鼠虫危害。种子包装袋应具有透气性，不可随意用塑料薄膜包装，因多数塑料薄膜中含有增塑剂、化学色素制剂等化学药剂，它们挥发后在密闭的空间内不易散发，会对种子的生命力产生不良影响。专业种子要求的贮藏环境较为严格，种子含水量要求 6％以下、密闭真空、0℃以下的低温环境；家庭可用聚乙烯食品包装袋包装，种子充分干燥并定期解开包装袋袋口换气，排除有害气体，最好是放在瓮、缸、玻璃容器中密闭保存。如有冰箱等低温保存设备，可将密封的种子置于冷藏下保存。

12. 什么叫品种适应性？

种子是植物遗传信息的载体，不同的品种有不同的性状。某品种对不同气候、不同地力、不同栽培措施的适应能力，就叫做品种的适应性。品种适应性是由品种的遗传特性决定的，是种子重要的内在品质之一。适应性强的品种一般分布较广，而适应性较差的品种其分布区域很小。例如，玉米品种郑单958，在我国的北方夏播玉米推广面积就很大，无论种密一点儿或种稀一点儿，天气旱点儿或是降水多点儿，晴天多点儿或是阴雨天气比例高点儿，它都能获得较高的产量，所以我们说郑单958玉米品种的适应性强。一般情况下，一个品种的适应性强弱要在多地域、经多年种植后才能完全表现出来。

13. 什么是种子的发芽率、发芽势？

种子的发芽率是指种子在适宜的发芽环境中，发芽种子占全部催芽种子粒数的百分比。

发芽势是指种子在适宜的发芽环境中，数天内发芽种子占全部催芽种子粒数的百分比。

不同的作物观测发芽率与发芽势的时间不同，辣椒种子一般7天看发芽势，10天看发芽率。发芽率表明某批种子有多少能发芽，而发芽势则表明该批种子的发芽活力；发芽势数值越大，说明种子活力越强。一般新种子发芽势强、种子发芽快而整齐，陈旧种子发芽势较弱、发芽较慢。

14. 家庭如何鉴别新品种的生产能力？

一个品种从选育到完成国家的区试需要7～8年的时间，可谓是育种人的辛勤汗水把它培养成的。通过审定的每个品种都有较强的适应能力，有显著的增产效果，有明显的优点。但不可否认，各品种也都存在缺陷和不足，对生产条件及栽培管理技术也有各自的要求。对于新品种可先少量引种，与原来的天鹰椒品种种在一块地里，仔细研究新品种的生育特点，对栽培管理措施有什么要求，最后按对角线5点取样法，试种品种与原品种各取5个点，每个点取5～10平方米，进行实地测产，如果测产最终结果令人满意，有把握在大面积种植后获得比原品种更高的收益，并对新品种的"脾气特性"有较充分的了解，才可以考虑大面积引种，否则应继续进行小面积试验。

受经济利益的驱动，有的新品种在宣传时只宣传优点，对其品种缺陷或不足闭口不谈，往往会对人们起到误导作用。

所以引种新品种千万不能只凭"道听途说",要"眼见为实"。

15. 引种天鹰椒应考虑哪些因素？

引种天鹰椒时应首先考虑以下几个因素,避免盲目引种。

(1)热量条件　一个地区无霜期时间的长短、热量条件是否充足,是各种农作物引进种植时首先要考虑的气象因子。据冀州市1999年调查,天鹰椒从出苗到现蕾约需60天的时间,期间≥15℃的积温1 435℃;现蕾到开花约12天,期间≥15℃的积温310℃;开花到果实红熟约43天,≥15℃的积温1 203℃。由出苗到田间早期果实成熟约115天,≥15℃的积温2 948℃,其花期时间约1个月,期间≥15℃的积温789℃,这样天鹰椒全生育期约需≥15℃的积温3 737℃。同一个地区不同年际间的气象差异有时很大,这就要求给予多出全生育期5%的热量保证,则当地无霜期≥15℃的积温至少应在3 924℃。如不能满足上述热量条件,则引种天鹰椒会有较大的风险。

天鹰椒的育苗时间较长,育苗是在保护设施内进行的,这一措施可使其全生育期的热量需求略有降低,这也是引种时应具体考虑的问题。

(2)水源条件　天鹰椒是经济作物,种植的目的是获取较高的经济效益,要有充足的水源保证,一般年份应保证能浇3～5次及时水,这样才有利于获得较高的产量及效益。

(3)土壤条件　主要指土壤肥力及土壤质地。要获得高产,需选本地有中上等地力基础的地块。从土壤质地来说,以中壤、轻壤地为佳,重壤地、黏土地因雨后泥泞,遇旱板结,沙土地地力一般较差,不宜选用。另外,所选地块土地要平整,排灌设施要齐全。

（4）劳力与技术条件　天鹰椒的育苗、定植、采摘机械化水平较低，需要大量的劳动力投入，所以引种时也要考虑当地的劳动力资源状况。再就是种植天鹰椒需要一定的技术条件，要有相应的技术依托，才能种好天鹰椒。

（5）市场条件　收获的辣椒最终需要通过市场销售来实现其价值，因此种植时要考虑到产品的销售问题，要能卖得出去、卖出好价钱。

16. 天鹰椒良种选育应注意的问题有哪些？

一个品种多年连续种植后不可避免地会出现品种的混杂、退化，产量降低，品质变劣，生产能力下降。

良种选育是对品种一系列性状的选育。选育过程就是按预期目标选出符合目标性状要求的单株，经连续多年的选择、试验，最终形成优良品种。天鹰椒品种选育时，应注意以下几个方面。

（1）熟性　品种的熟性是指植株开花、果实成熟时间的早晚。包括播种—现蕾—开花—果实成熟等一系列的性状。播种至果实成熟所需时间较短的为早熟，反之为晚熟，根据熟性早晚的不同，通过定向选育，可培育出熟性不同的品种。

（2）丰产性　天鹰椒的产量是由单位面积内的种植株数、单株结椒数和单椒重量构成的。从商品角度出发，产品的商品率也是产量的构成因素。植株分枝能力的强弱，分枝的结果性能，植株的展开幅度，决定了品种的密植程度，病果率的高低、成熟果所占的比例直接决定了产品的商品率。关于产量性状的遗传能力大小，多数学者认为，辣椒产量性状按遗传力由大到小的排列顺序是：单果重＞单株产量＞单株果数，以单果重的遗传稳定性为最高。

（3）抗病性　品种的抗病能力至关重要。如果品种对当地的主要病害的抗性差，那么该品种很难推广开来，即使它的内在品质很优良也不行，当一个地区的次要病害上升为主要病害时，也会导致某些品种在生产上的迅速淘汰。在天鹰椒的抗病性育种中，应考虑品种对病毒病、疫病、炭疽病、日烧病等病害的抗性。

（4）生长习性　如植株的分枝能力强弱，株型紧凑程度，果实的簇生性强弱，叶片的大小、色泽等。

（5）抗逆性　如抗倒性、抗旱和耐涝能力等。

（6）果实性状　果实的大小、形状、重量、色泽及果实内各种营养物质的含量、结实率等性状，决定了所选育的品种最终能否被市场所接受。辣椒素、辣椒红素、抗坏血酸（维生素C）等营养物质含量的高低，构成天鹰椒的内在品质指标。

（7）抗虫性　抗虫性育种近几年来已受到各界育种人员的高度重视，以抗鳞翅目害虫为代表的抗虫棉品种的推广，拉开了中国抗虫育种的序幕。抗虫品种可大幅度降低农民的劳动强度，减少投资、增产增收效果明显，最大优点是减少了农药的使用量，对减少农药污染、生产安全优质的农产品意义重大。在天鹰椒的抗虫育种上还没有见到有突破性的报道。

17. 天鹰椒良种选育的程序是怎样的？

一个品种经过连续多年的种植后，特别是在以农户自繁自用为主的种子繁育体系下，不可避免地会出现产量降低、抗病能力下降、品质变劣等一系列品种性状退化的现象，这叫做种性退化。选育良种就成了进一步发展生产的必然要求。

天鹰椒的良种选育一般采用"系统选择法"，这是进行原种提纯复壮的基本方法。先在田间选择熟性、结椒性、果实外观性状与生长习性等综合性状符合育种目标要求的大量单株,将单株的种子在隔离条件下分别种植,形成株行圃,按照目标性状进一步淘汰不合格的株行,选留的株行第二年成为株系圃,再经进一步地选择,最终确定入选株系成为原种。入选株系在保证选育的目标性状的同时,比原来的品种在产量和品质上应有较大的提高,一般增产幅度应达到10%～15%。如果进行抗病性、抗虫性和抗逆性选育,则要在相应的有利于其抗性表现的环境中进行选择。天鹰椒原种提纯复壮程序见图1。

图1 天鹰椒原种提纯复壮程序

系统选择法简便易行,一般需要5年以上的时间才能选出一个品种,工作量大,且需要丰富的良种选育经验。一般都是由专业育种人员或单位完成的。

此外,适宜于天鹰椒的育种方法还有很多,如系谱育种法、诱变育种法、混合育种法和杂交育种法等。一般是根据育种目的选择育种的方法与手段。

植物的变异是绝对的,稳定是相对的。在品种的提纯复壮过程中,如发现与原品种相比具有特异优良性状的单株时,应单独选育,详细登记性状表现,或作为新的育种材料,按品种选育程序选育成新品种。

18. 天鹰椒原种繁育应具备哪些条件?

天鹰椒属常异交作物,因此原种的繁育首先必须实行严格的隔离保纯措施,一般是选用原种繁育所需要的尼龙网纱罩大棚,进行强制隔离,以防造成品种的混杂。其次,要有相应的栽培管理措施,如稀植(30％),单株栽培,增施磷、钾肥等,以使植株能充分地表现品种特性,不断淘汰异型株。第三,应有专门的种子收藏、晾晒、隔离、加工场所,加工设备及专用的原种贮藏设施。一般条件下贮存的种子使用寿命为2~3年,原种则应在低温(5℃)、干燥(种子含水量在6％以下)、真空条件下保存,以延长种子的使用年限。

19. 天鹰椒生产用种的繁殖应注意哪些问题?

进行天鹰椒生产用种的繁殖,首先应该有性状优良的原种作为基础材料。如果供繁殖的原种算不上优秀,就不应该贸然进行繁殖。其次,为保证种子纯度,繁种地四周应有足够的隔离空间,一般200米以内不能种有其他品种的辣椒。第三,为获得优质种子、获得较高的种子产量,使辣椒籽粒饱满,应选择地势高燥、排灌方便、地力肥厚的地块种植,并适当增施磷、钾肥,降低种植密度(20％~30％)。种子繁殖过程中发现异型株要在开花前及早拔除,防止造成田间的生物学混杂。

收获的辣椒果实应淘汰病椒、不成熟椒、异型椒,种椒单品种单独晾晒、贮存,预防机械混杂。收获后遇连阴雨天气,不能自然风干时,应及时烘干,防止种椒霉烂变质而影响种子质量。

三、生物学基础知识

20. 栽种天鹰椒为什么要了解其生物学特性？

某种植物的生物学特性，是指该种植物在其原始起源地经漫长的岁月、长期适应该地气候环境形成的一种有利于该物种生长繁衍的一系列性状，如根、茎、叶等器官特征及对温度、光照等气象条件的要求和适应能力，这是由其遗传特性决定的，并具有很强的稳定性。某些植物虽经长期的人工驯化栽培，但其生物学特性也不会有大的改变，如冬小麦、大白菜等必须以绿色植物体经过一定时间的低温阶段，完成春化作用后在长日照条件下才能开花结果，否则只能生长绿色植株，不会开花结果。在农业生产中，多数重要的农作物种类都离开了其起源地而广泛栽培，因此了解栽培作物的生物学特性，有利于根据其生长发育特性及对环境条件的特殊要求进行相应的栽培管理，减少生产的盲目性，做到有的放矢，创造有利于农作物生长发育的外部环境条件，获得高产优质的产品。

21. 天鹰椒对温度、光照条件有什么要求？

一般认为辣椒起源于美洲热带地区，天鹰椒只是辣椒大家庭中的一个类型。因其起源于热带，对温度条件要求较高，属喜温作物，种子发芽最低温度为 15℃，最适宜的温度为 25℃～30℃，生长发育的适宜温度为白天 20℃～25℃，夜间 15℃～20℃。天鹰椒为喜光作物，适宜的光照时间为每天 10～12 小时，但对光照强度要求较低，其光饱和点为 3 万勒。

虽然天鹰椒对光照要求不十分严格,但光照时间不足或光照过弱,满足不了植株生长发育对光照的要求,就会对植株的生长发育造成不利的影响。现蕾及开花结果期是天鹰椒一生中对光照、温度最敏感的时期,此阶段光照不足、夜温过高(超过25℃)都会影响其正常的生长发育,造成落花落果严重,极大地影响产量。

22. 天鹰椒对水分的要求如何?

在整个生育期中,天鹰椒对水分的需求量是随其生长量的加大而逐渐增加的,至开花结果期达到最大值。天鹰椒极不耐涝,有一定的耐旱性。充足的水分供给是其正常生长发育的基础,生长前期缺水会导致植株生长缓慢,推迟开花结果期,花果数量减少,最终可导致成熟果比例低、产品品质下降;生长旺盛期(花果期)缺水,则会造成花果的大量脱落,大幅度降低产量;生长后期缺水,则会导致植株早衰,造成后期落叶落果,影响果实的后期发育,降低果实品质,诱发果实日烧病的发生。土壤含水量过多则会影响到根系的呼吸作用,造成根系代谢障碍,吸收能力下降,甚至死亡。生产中在水分管理上应做到湿而不涝、干而不旱。只有创造有利的土壤含水量条件,才有利于天鹰椒的正常生长发育。

23. 天鹰椒的茎部特征有哪些?

天鹰椒的茎为直立茎,属有限分枝类型。主茎 14～16 片叶着生于短缩果枝上,并以花簇封顶。茎上叶腋芽萌生能力强,在营养充足的情况下,所有叶腋芽都有萌生成枝的能力,侧枝的叶腋还可萌生二级副侧枝,见图 2。侧枝上 10～12 片叶着生于短缩果枝上,形成花簇封顶。主茎粗 1 厘米左右,株高 40～60 厘米,植株开展度 30～50 厘米,适于进行密植栽培。天鹰椒的茎木质化程度较高,茎部再生不定根的能力很差,这一点与茄子相近。

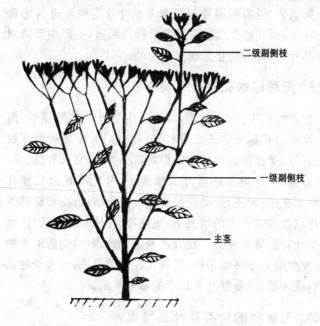

图 2 天鹰椒分枝示意图

24. 天鹰椒的叶片有什么特点?

天鹰椒的叶有子叶与真叶之分。子叶是种子出土后最初长出的 2 片叶,一左一右对生。在真叶长出之前,子叶是幼苗惟一的光合作用器官。真叶为单叶、互生、披针形,叶缘无缺刻,叶面光滑,在茄科常见作物中其叶片是较小的,叶柄长3～5 厘米,叶片长 7～9 厘米,宽 3～5 厘米。植株中部叶片一般较下部叶片及花果周围叶片大。生产中常说的叶一般指真叶。在育苗期从子叶生长状况可间接判断秧苗营养状况及管理技术,如子叶小而黄,说明苗床水肥条件差或床温偏低;如子叶肥大,说明苗床水肥充足,幼苗生长旺盛;如子叶过早脱落或感染病害,说明苗期管理技术差。叶片是植物进行光合作用的场所,因其在染病或受药害后极易脱落,生产中要特别注意对叶片的保护,防止造成大量落叶。

25. 天鹰椒的花有什么特点?

天鹰椒的花为白色、单花,着生于主茎及侧枝的顶端,簇生。天鹰椒的花芽分化开始得较早,在苗期3片真叶展开后即开始进行,受植株营养状况的影响,花的花柱有长有短。在植株营养充足、环境条件适宜的情况下,分化的花以长柱花(花柱高于花药)为主,这类花多能正常受精结果;在植株营养不良、环境条件较恶劣的情况下,短柱花(花柱短于花药)比例增高,这种花脱落率较高。在育苗及生产管理中,创造适于秧苗生长发育的外部环境条件,促进长柱花的形成,增大长柱花的比例,减少落花,是提高坐果率的基本措施。

26. 天鹰椒的果实有什么特点?

天鹰椒果实基部扁径1厘米左右,因其上部尖而稍弯曲,形似鹰嘴而得名。天鹰椒的果实为浆果,果柄短粗,果实朝上生长,故又叫做朝天椒。果实圆锥形,长4~7厘米。其果实成熟后为深红色,有光泽。果实中富含维生素C、维生素A、维生素B、粗蛋白质、糖类、脂类、钙、铁、磷等营养物质,还含有辣椒素,形成特有的辛辣味。

27. 什么是天鹰椒的典型特征?

典型的天鹰椒叶片肥厚、叶色浓绿、大小适中;株高40~

60 厘米,花朵簇生;果实圆锥形,长 4~7 厘米,基部扁径 1 厘米左右,上部尖而稍弯曲形似鹰嘴,果实成熟后为深红色,有光泽,果实辣度高,辣味浓烈,辣椒素含量一般在 0.5% 以上。辣椒椒型变大、辣度下降、叶片变薄、叶色变淡、果实簇生性变差、株型变大或变小、产量下降、植株抗病能力降低等性状的改变,则是天鹰椒种性退化的表现,出现这种情况时,应及时更换种子。

28. 辣椒干有哪些术语？如何分类？

不同质量标准的产品,其市场价格有很大的差别。这就需要我们严格按照质量规格标准挑选、分级,提升产品的市场价值。

身干散籽:指成熟辣椒干制后种子呈深黄色,并与胎座自然脱离,摇动有响声。

气味:指辣椒干特有的刺鼻辣味,会引起打喷嚏,但不是令人不愉快的气味。

滋味:指辣椒干正常的带刺激性的辛辣味。

异味:指辣椒干本身气味以外的不正常的气味和滋味。

外观:指辣椒干的形状、色泽、均匀度和洁净度。

形状:指本品种固有的正常形状。

色泽:指本品种干制后正常的颜色和光泽。

均匀度:指辣椒干的形状、色泽,椒身长、宽均匀整齐的程度。

洁净度:指辣椒干椒身外表的斑痕或附着的尘土等污物对外观影响的程度。

不完善椒:指失去一部分使用价值和椒身不全的辣椒干。包括:黑斑椒、黄梢、花壳椒、不熟椒、断裂椒、虫蛀椒等。

黑斑椒:指辣椒受病虫危害后,呈现的黑斑、黑点。

黄梢、花壳、白壳：辣椒干的顶部红色消减呈干燥的黄色或淡黄色谓之黄梢；椒体以红色为主，但部分红色减退显黄色白色的间杂斑块谓之花壳；椒体红色消退，呈燥状的黄白色，肉质消失呈轻飘的薄片谓之白壳，白壳椒已失去商品价值。

不成熟椒：指辣椒成熟度不够干制后的辣椒干，其体形瘦小、明显瘪缩，色泽暗淡或呈暗绿色。

断裂椒：断损而未变质的辣椒干。

虫蛀椒：指椒体被虫啃食、蛀蚀和内部附有虫尸或其污染物。

霉斑椒：指辣椒表面或内部有霉迹者。

霉变椒：指生霉而变质的辣椒干。

异品种椒：指不属于本品种或形状与本品种有显著差异的辣椒干。

杂质：凡辣椒干本身以外的一切物品均属杂质。

长度：指辣椒干身长从果顶至基部的距离，以厘米表示。

宽度：指辣椒椒身最宽横断面处的量度，以厘米表示。

辣椒干的分类：按体形长度分为小辣椒（长 3～6 厘米）、中辣椒（长 6～9 厘米）、大辣椒（长大于 9 厘米）；按椒壳平皱分为平板椒、皱椒；按加工规格分为带梗带蒂辣椒干、去梗带蒂辣椒干、去梗去蒂辣椒干、带籽辣椒干、去籽辣椒干。

29. 天鹰椒果实的品质指的是什么？

天鹰椒的果实品质包括外观品质和内在品质两方面，外观品质主要有果实的外观形状、色泽，不完善椒、不完整椒比例，异品种椒、杂质的含量等项指标，根据外观品质的不同，一般将干燥椒分为一、二、三级。辣椒干质量规格见表 1。内在品质指的是内在营养物质的含量，有 6 项内容，包括水分≤14%，总灰分≤8%，辣椒素＞0.8%，粗纤维＜28%，盐酸不溶灰分≤1.25％,不挥发乙醚提取物＞12％。

表1 辣椒干质量规格

项目		质量规格		
		一级	二级	三级
外观形状		形状均匀,具有本品种固有特征,果面洁净	形状均匀,果面洁净	形状有差异,椒体完整
色泽		鲜红或紫红色,油亮光洁	鲜红或紫红色,有光泽	红色或紫红色
不完善椒	断裂椒	长度不足2/3和破裂长度达椒身1/3以上的不得超过3％	长度不足2/3和破裂长度达椒身1/3以上的不得超过5％	长度不足1/2和破裂长度达椒身1/2以上的不得超过7％
	黑斑椒	不允许有	黑斑面积达0.5平方厘米的不超过1％	黑斑面积达0.5平方厘米的不超过2％
	虫蛀椒	不允许有	允许椒身被虫蚀部分在1/10以下,而果内有虫尸或排泄物的不超过0.5％	允许椒身被虫蚀部分在1/10以下,果内有虫尸或排泄物的不超过1％
	黄梢、花壳	允许黄梢和以红色为主显浅红白色暗斑且其面积在全果1/4以下的花壳椒,其总量不超过2％	允许黄梢和以红色为主显浅红白色斑块且其面积在全果1/3以下的花壳椒,其总量不超过4％	允许黄梢和以红色为主显白色暗斑,且其面积在全果1/2以下的白壳椒,其总量不超过6％
	白壳	不允许有	不允许有	不允许有
	不熟椒	不允许有	≤0.5％	≤1％
	不完整椒总量	≤5％	≤8％	≤12％

项 目	质 量 规 格		
	一 级	二 级	三 级
异品种	≤1%	≤2%	≤4%
杂 质	各类杂质总量不超过 0.5%,不允许有有害杂质	各类杂质总量不超过 1%,不允许有有害杂质	各类杂质总量不超过 2%,不允许有有害杂质

摘自中华人民共和国国家标准《辣椒干》GB 10465—89

30. 提高天鹰椒产品品质的途径有哪些?

天鹰椒产品的品质(包括外观品质及内在品质),如外观形状、色泽、辣椒素等营养物质的含量首先受品种自身遗传特性的影响。不同品种因其自身遗传特性的不同,其产品品质有着很大的差别。所以,要想生产品质优良的产品必须以性状优良的品种为基础。其次,在生产管理中,采取有效措施,预防病虫危害,可有效降低不完善椒的比例,提高产品的优质品率。根据品种特性,采取与之相应的栽培管理措施,使之最大限度地表现本品种的优良性状,也有利于提高产品的质量。另外,收获、采摘、贮存、运输各个环节认真操作,可有效减少断椒、异品种椒、杂质的比率。

天鹰椒中含有丰富的脂肪、维生素 C、维生素 A、维生素 B、辣椒红素及矿质元素磷、铁、锌等,这些营养物质量虽还未具体列入国家标准,但它们的含量高低也是产品内在品质的具体表现。

31. 如何提高天鹰椒果实的辣度?

辣度是天鹰椒产品品质的重要指标之一,辣椒中的辣味是由一组辣味物质产生的,其中辣椒素约占 69%,所以辣椒素是辣椒辣味的主要来源,辣椒素含量越高,辣味就越浓。人们常用辣椒素的百分比浓度表示,即每百克辣椒中所含的辣椒素重量。果实辣度的高低主要取决于品种的遗传特性,它是一种典型的遗传性状,辣度高的种子其产品辣度就高,不同产地的种子其辣度可能有较大的区别。一般椒型越小,其辣椒素的含量就越高,果实的辣味就越强,辣度也就越高。另外,某些生产措施对产品的辣度也会产生一定的影响,如偏施氮肥、后期灌水偏多、光照不足等会降低产品的辣度,增施钾肥则会增加产品的辣度。还有研究认为高温期及光照充足条件下结的果实辣度高,反之则低。在生产中,除注意选择辣度高的种子外,增施钾肥、有机肥,适当控制氮肥使用量,合理灌溉等措施,均有利于提高产品的辣度。

32. 什么是边行效应?

边行效应,又称边行优势、边际效应,是指边行作物比里行作物生长强壮、结实多、产量高的现象,这在田间随处可见。边行作物不仅光照充足、光合作用效率高,空气流动状况也好于里行,里行作物光照及二氧化碳供应远远不及边行,所以边行作物比里行作物长势强壮、结果多。

33. 如何充分利用边行效应?

在生产中,为了充分利用边行效应,人们多进行大小行栽培的方式,人为地创造边行,不仅使作物增产,而且也便于田间作业。利用玉米、架豆、树木等与天鹰椒的高矮差异,进行间作,改善田间通透性及光照条件,可有效降低日烧病等病害发生。天鹰椒与土豆、大蒜、葱头等作物的短期套作,不仅使有限的土地实现了大幅度增收,前作占用空间理所当然地成了天鹰椒的大行,使得天鹰椒长得更好。在生产上对天鹰椒进行间作、套种配比结构的设计时,既要尽量创造和利用边行效应,发挥增产、增收、抗病的作用,同时还应考虑套作群体中各种作物能否充分发挥生物学互助作用,方便农田机械作业及田间管理。

34. 天鹰椒常见的栽培形式有哪些?

天鹰椒常见的栽培形式有露地栽培与地膜覆盖栽培,其中地膜覆盖栽培有起垄栽培与平畦栽培、膜上 2 行与膜上 3 行之别。

露地栽培多为平畦大小行栽培,大行距 50 厘米,小行距 30 厘米。地膜覆盖栽培的,起垄栽培效果好于平畦栽培,表现为缓苗快、前期秧苗发育快、病害轻、排灌方便,平畦栽培缓苗期比起垄栽培长 4～5 天,浇水后地表泥泞,易板结,透气性变差,影响正常的生育进程。膜上 2 行优于膜上 3 行,3 行栽培的天鹰椒,中间行受两个边行的影响,结果较少,平均单株结果少 5～7 个,单株分枝少 0.8 个,表现出明显的边行优势。

生产上以起垄地膜覆盖膜上 2 行栽培的效果最好,与露地及平畦地膜覆盖栽培相比,前期具有良好的保墒增温效应,缓苗快,秧苗生长速度快,有利于促进天鹰椒的生长发育进程,实现早开花、早结果,获得高产、稳产。

35. 为什么说天鹰椒适于与其他作物间作、套种?

天鹰椒为喜光作物,适宜的光照时间为每天 10～12 小时,其光饱和点为 3 万勒,而冀州市夏季的光照强度最高可达

10万勒以上。过高的光照强度,不仅抑制植株的光合作用,还能促进植物的光呼吸作用,增加光合产物的消耗,诱发日烧病的发生。与高秆、高架作物间作,可有效地降低田间光照强度,显著降低日烧病的发生率,提高果品品质,增加优质椒比率,提高种植收入。

另外,天鹰椒的田间生长期为5~10月份。11月份至翌年4月份田间荒芜,可种植耐寒作物,如洋葱、大蒜、地芸豆、豇豆、土豆和小麦等,即使与天鹰椒有短暂的共生期,也不会对天鹰椒产量造成大的影响,同时可实现大幅度增收。所以发展间作、套种是提高单位面积收益的有效途径。

36. 与天鹰椒进行间作、套种应考虑哪些问题?

天鹰椒与粮、棉、果、菜等作物进行间作、套种栽培,是提高种植效益、发展高效农业的重要内容。利用2种或2种以上作物在空间、时间、光热与营养等方面的互补性,可实现土地产出的最大化。

(1)时间互补　不同地区的地理位置不同、生长季节长短不一、种植制度和生产特点不同。在华北地区天鹰椒进行单作是一年一熟制,与短季作物、耐寒作物(菠菜、葱头、大蒜、土豆等)进行短期套种,实现了一年两熟,使天鹰椒定植前的光、热以及土地等自然资源得到了充分的利用,改变了种植制度,提高了经济效益,一般每667平方米增加经济收入1 000元以上。

(2)空间互补　天鹰椒植株较矮,一般只有70~80厘米,利用其光饱和点较低的特性,与棉花、玉米、架豆和经济林木等作物进行间作,高秆作物不仅对天鹰椒起到遮荫和降低光照强度、提供适宜光照环境的作用,降低病毒病、日烧病等病害的发生,又能改善田间的通风状况,提高二氧化碳的吸收利用率,提高光合作用效率。套作不仅实现套作作物的增收,与单作比较,天鹰椒的产量、品质也有所提高。

(3)营养互补　不同作物种类对矿质营养的要求不同。玉米吸收氮肥较多,天鹰椒吸收氮、钾肥较多;葱头、大蒜根系分布较浅,天鹰椒根群分布在15厘米内的表土层,玉米、经济林木根系更深,可分别吸收不同土层的营养;不同作物种类,其根际微生物种类不同,间作套种有利于土壤微生物的多样性和微生物群落的壮大。

(4)抗御自然灾害能力的互补　天鹰椒与玉米间作,不仅可减轻病毒病、果实日烧病的发生率,而且玉米根系耐湿性强于天鹰椒,加上玉米宽大的叶片所具有的强烈的蒸腾作用,也有减轻涝灾的作用。与经济林木等高秆作物间作,由于高秆作物的遮挡,使天鹰椒的风、雹灾害明显减轻,灾后恢复生长快、减产幅度低。

37. 常见的天鹰椒间作、套种模式有哪些?

(1)天鹰椒—豇豆　豇豆春季直接播种或提前1个月育苗,早春晚霜过后移栽。天鹰椒大行内栽2行豇豆,天鹰椒与豇豆行比6∶2或4∶2。天鹰椒小行距30厘米,大行距50厘米,豇豆行距15～20厘米,穴距15厘米(图3)。种豇豆时预留天鹰椒行,或将天鹰椒行起垄覆膜后再播种豇豆。豇豆品种选三尺绿、之豇28-2、张塘豆角等。播种前施足基肥。豇豆需搭架引蔓,蔓爬至架顶时掐尖,结荚前适度控制水肥,结荚后小水勤浇,保持地表湿润,结合浇水适量追施氮、钾肥。豇豆8月上中旬拉秧(将地上部割掉、保留根部),拉秧不可过晚,以防对天鹰椒果实的发育造成影响。

这种模式天鹰椒产量基本不受影响,每667平方米增收豇豆800~1000千克。

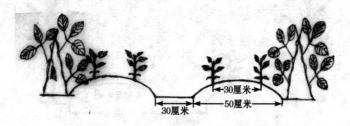

30厘米
30厘米
50厘米

图3 天鹰椒—豇豆间作示意图

(2)天鹰椒—玉米 天鹰椒与玉米的行比4~6∶1,玉米株距50厘米(图4)。每667平方米留苗500~800株,玉米选中早熟品种如农大108、郑单958等,5月上中旬播种,用药剂拌种,苗期6叶以前再用药剂对玉米定向喷施2~3次,防治蚜虫、飞虱等传毒害虫,预防玉米粗缩病的发生。玉米结穗后适时削天穗,改善天鹰椒的通风透光条件。玉米成熟后及时将玉米秸削掉。这是目前冀州市间作面积最大的一种模式,除能有效预防天鹰椒日烧病外,对减轻雨涝灾害也有一定的作用。一般每667平方米可增收玉米150~200千克。

(3)天鹰椒—土豆 天鹰椒与土豆行比2∶1(图5)。土豆选用生长期60天左右的早熟品种,于上一年入冬前耕地施肥,每667平方米施优质有机肥5立方米做基肥,深耕25~30厘米。2月下旬将已经发芽的土豆种薯切成25~30克的种块,每块必须含有1个健康的芽眼。切块时每个种薯切完后必须将切刀用75%酒精消毒,以防种薯间相互传播病害。春季土壤解冻后及时施肥播种,按行距80厘米开沟,每667平方米沟施磷酸二铵15千克,尿素20千克,硫酸钾55千克,

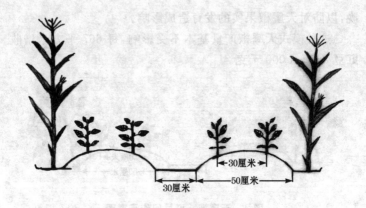

图4 天鹰椒—玉米间作示意图

肥土混匀后按株距20厘米播种土豆,播后覆土8~10厘米,及时喷洒除草剂并覆盖地膜。花蕾期是土豆的水肥敏感期,也是土豆的快速生长期,此期除破膜、培土起垄外,需及时浇水追肥,促进土豆的膨大生长。一般每667平方米可增收土豆1 000~1 300千克。

图5 天鹰椒—土豆间作示意图

(4)天鹰椒—棉花 棉花行距2.15米,株距30厘米,选用长势强健的杂交一代品种,不打侧枝,其他管理与当地普通棉花管理相同;2行棉花中间种4行天鹰椒,天鹰椒实行大小行种植,大行距50厘米,小行距30厘米(图6)。基肥一次施足,每 667 平方米施过磷酸钙 50 千克,尿素 15 千克,硫酸钾 15 千克。天鹰椒行距 35 厘米,天鹰椒与棉花行比 4:1。一般每 667 平方米产籽棉 200 千克,辣椒干 200 千克。

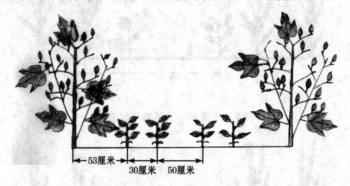

53厘米　30厘米　50厘米

图 6　天鹰椒—棉花间作示意图

(5)天鹰椒—大蒜或葱头　秋季播种大蒜或葱头时预留天鹰椒行距 40 厘米,可栽 2 行天鹰椒,按 80 厘米一档设置,剩余 40 厘米内栽 3 行大蒜或 2 行葱头。地膜覆盖栽培,大蒜行株距 16 厘米×10 厘米、葱头行株距 18 厘米×8～10 厘米(图 7,图 8)。基肥一次施足,每 667 平方米施尿素 15 千克,过磷酸钙 75 千克,硫酸钾 15 千克。大蒜、葱头地下鳞茎膨大期加强水肥管理,促进鳞茎的膨大。一般每 667 平方米可增收大蒜 600 千克或葱头 1 000 千克。由于大蒜和葱头都含有植物性杀菌物质,这种间作模式除有增收作用外,对天鹰椒病害也有一定的控制作用。

以上天鹰椒与土豆、大蒜等间作类型,由于间作物收获早,也可考虑进行平播,辣椒进行夏栽,增收效果更好。

(6)天鹰椒—低龄幼树　无论是苹果、梨、枣树等经济林,还是近几年迅速崛起的速生林,它们的前期生长速度较慢,在

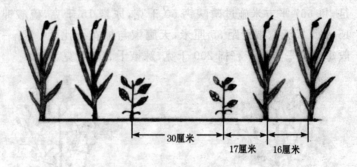

图 7　天鹰椒—大蒜套作示意图

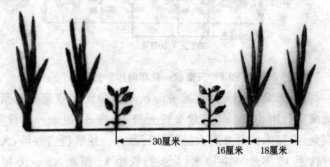

图 8　天鹰椒—葱头套作示意图

前 3～4 年的生长期内,行内有大量的裸地及空间,套种天鹰椒是极好的增收途径。天鹰椒根系主要分布在 25 厘米以内的表土层,而树木的根系分布较深;天鹰椒光饱和点低、耐弱光能力较强,树木是其天然的遮阳物。天鹰椒生长过程中需要不断地浇水追肥,这一过程也有利于幼树的快速生长,可谓互惠互利。

　　以冀州市为例,目前的经济林和速生林一般行距为 3 米,新栽幼树前 2 年可种 6 行天鹰椒(图 9),天鹰椒的占地率为70%,这样每 667 平方米林地年可增收天鹰椒 200 千克,增收

1 400 元,减去每 667 平方米所投资的 300 元,林地每 667 平方米可实现纯收益 1 100 元。第三年及以后,随着树体的不断扩大,树体对空间的占有量也愈来愈大,一般可改成套种 4 行天鹰椒,天鹰椒的占地率降到 43%,每 667 平方米可收天鹰椒 130 千克,增收 900 元,纯收益 750 元。经济林木一般 5 年后进入果品丰产期,田间作业量增大,不宜再套种天鹰椒。可改为土豆、地芸豆等生长期短的作物。

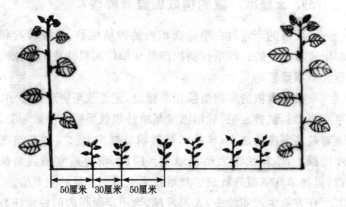

图 9　天鹰椒与经济林木间作示意图

38. 什么是生物产量和经济产量?

生物产量是指单位土地面积内作物通过光合作用形成的干物质的重量,它是根、茎、叶、花和果实等作物各器官干物质重量的总和。在作物的干物质重量中,有 90%～95% 是通过光合作用形成的,只有 5%～10% 是由根系吸收的矿质营养物质所形成。因此,光合作用是农作物产量构成的最基本的生理活动。

经济产量是指作物产品中经济价值较高的部分的重量。

天鹰椒除果实外,其余器官的经济价值较低,果实产量就是经济产量。

经济产量与生物产量的比值叫"经济系数"或"相对生产率"。它表示了作物经济产量的生产能力。一般生物产量高,经济产量也高;生物产量低,经济产量也低。因此要获得高产,必须以培养强大的根、茎、叶等器官为基础。

39. 天鹰椒产量的构成因素有哪些?

天鹰椒的产量是由单位面积内的种植株数、单株椒数和单椒重量决定的。即单位面积产量=单位面积株数×单株椒数×单椒重量。

一般天鹰椒的单椒重量相对稳定,随着栽培密度的增加,略有降低。试验表明,栽培密度与单株椒数呈明显的负相关,随着栽培密度的加大,单株结椒数明显减少,反之,随栽培密度的减小,单株结椒数明显增加。因此,确定适宜的栽培株数,提高单株结椒数就成了栽培技术上增加产量的主要措施。

在农业生产实践中,人们发现,当一定面积内的种植株数达到一定值前,产量随着密度的增加而提高,而到达一定值后,产量随着密度的增加而下降,这个值就是最适宜的种植密度。不同品种,或同一品种在不同地力条件下,以及采取不同的栽培管理措施,其最适宜栽培密度是不同的,有时差异较大。

我们在生产中的各项措施都是围绕栽培密度、单株椒数和单椒重量这3个因素开展的,当3个因素的配比最为合理时,所获得的产量最高,效益最好。

40. 天鹰椒产量高低与气候条件的关系有多大?

除雹灾、暴风雨等灾害性天气外,温度、光照、降水是自然条件下对农作物产量影响较大的因素,适宜的温度、光照、水分环境是农作物获得高产的基础条件。多数年份温度、光照条件相对稳定,年变率较低,即使阴天率较高,因天鹰椒的耐弱光特性,也不会对其产量造成大的影响,而降水的年变率较大,就成为对天鹰椒产量影响较大的自然因素。有研究证实,辣椒的商品产量和总产量与季节总蒸腾量之间呈直线关系,土壤水分充足、空气干燥,作物的蒸腾量就大,产量就高。开花期雨量大,则影响坐果;移栽前后雨量太大,易引发秧苗徒长及染病落叶,严重时可使根系腐烂死亡;成熟期雨量过多,会使果实腐烂变质。田间积水会阻碍根系的有氧呼吸,引起根系代谢紊乱。所以说湿润的土壤及干燥的大气环境是天鹰椒获得高产的理想环境。据报道,当生育期降水量低于平均水平时,灌溉能显著地增加产量。所以,在干旱年份如有充足的水源供给一般产量较高,相反雨涝年份产量较低。

41. 天鹰椒的高产潜力有多大?

天鹰椒属高产作物,冀州市有记载的每 667 平方米最高产量达 427 千克。由于重茬、品种退化、旱涝、病虫害及田间管理失误等原因,一个地区多年种植天鹰椒后,往往造成产量降低、品质下降。天鹰椒的抗灾能力较差,一旦田间大量地落叶、落花、落果,将导致大幅度减产,甚至绝产。所以,采取严格、正确的生产管理措施显得尤为重要。近几年,冀州市由于不断规范生产技术,引进高产种源,广泛采取更为科学合理的预防性措施,涌现出了一批高产村。如冀州市彭村一般年份

每 667 平方米平均产量在 250 千克以上,高产年份达 300～
350 千克。

四、土壤肥料

42. 天鹰椒的根系有什么特点？

天鹰椒的根系不发达，根量少、入土浅。主要根群分布在15厘米内的表土层。主根长约10厘米左右，侧根量较大，侧根上生有副侧根及根毛，是天鹰椒的支撑及吸收器官。育苗移栽的天鹰椒多因没有采取护根育苗措施，主根受损后仅留有短粗的主根。因天鹰椒根量少、入土浅，生产中要特别注意选择疏松肥沃的土壤种植，以利于根系的生长发育，培育强壮的根系。

43. 不同质地的土壤各有什么特性？

不同质地的土壤农业生产性状是不同的，各有其优缺点。

（1）沙土　以沙粒为主，粒径较大，粒间孔隙的孔径大，透水透气性良好，无黏结性，或黏着性和可塑性不强，宜耕期长，耕作质量好。但保水保肥能力差，土壤温度的变幅大，养分含量少。

（2）沙壤土　保持着沙土的优点，在保持水肥能力上略有改善，土壤养分含量有所增加。这种土壤必须注意及时灌溉和追肥，才有可能取得较好的产量。

（3）轻壤土　在一定程度上保持了沙土的优点，透水、透气性好，在保水保肥能力上有了明显的提高。必须在土壤适宜的含水量范围内（宜耕期内）耕作，否则耕后容易起坷垃。

（4）中壤土　土壤黏粒变多，透水、透气性变差，黏结性、黏着性和可塑性增强,宜耕期较短,耕后极易出现坷垃,难于打碎。保水保肥能力较强。

(5)重壤土和黏土　比中壤土更难耕作,透水、透气性更差。

44. 土壤孔隙度指的是什么?

土壤孔隙度指的是土壤中孔隙的容积占整个土壤容积的百分比,孔隙度高说明土壤的通透性好。作物根系的生长及矿物质、水分的吸收,都需要能量,而能量又必须依靠根系自身的呼吸产生。土壤孔隙度大时,土壤氧气含量充足,根系的呼吸作用强,吸收能力就强;如果土壤缺氧,不仅影响根系的主动吸收能力和根系细胞膜的通透性,还会影响到地上部的光合作用及植株体内物质的运转。天鹰椒根系较弱,对土壤的缺氧反应敏感。增施有机肥、破除土壤板结、提高土壤的通透性、实行垄作等栽培措施,都有利于提高和保持土壤较高的通透性,促进根系的呼吸代谢和吸收能力,有利于培养强壮的根系,为丰产打下基础。

45. 什么叫土壤的团粒结构?

土壤的团粒结构是指土粒团聚成近球形和疏松多孔的土团的结构状况,它一般是由腐殖质与盐类胶结而成的。它是农业生产上比较理想的土壤结构。土壤的团粒结构状况也是土壤肥沃度的一种直观指标,土壤团粒结构好,说明土壤肥沃度高,反之则低。

46. 天鹰椒对土壤条件有什么要求?

天鹰椒对土壤要求不严,一般土壤都能种植,所以天鹰椒的分布区域很广。由于天鹰椒植株根系不发达、入土浅,疏松、肥沃的土壤有利于形成强大的地下吸收器官,获得较高产量。

从土壤质地来说,以中壤土最好。其适宜的土壤 pH 值为 6.5～8,即适于中性土壤种植。土壤可溶性盐含量超过1.5％,则天鹰椒不能正常生长。因此,种植天鹰椒时最好选择中性的中壤土,并有良好的耕性,疏松、肥沃、地力基础高,才有利于天鹰椒获得高产。

47. 什么样的土质种植天鹰椒最好?

一般表土以沙壤土和轻壤土为好,它们因土质疏松,耕作质量好,透水、透气能力强,春季土温上升快,对秧苗的前期发育有利,同时田间不易出现涝灾;但到生长中后期,因土壤肥力较差,需注意追肥,否则产量偏低。而质地在中壤以上的土壤情况正好相反,前期秧苗生长缓慢、后期水肥充足,较容易获得高产,但遇大雨容易形成涝灾的也多是这种土壤。因此,以表土为沙壤土和轻壤土,耕层以下为中壤土或重壤土的土地最为合适,这样既有沙壤土和轻壤土通透性好、易耕作、前期发苗快的优点,也有中壤土保水保肥能力强的优点。

48. 有机质在土壤中是如何发挥作用的?

土壤有机质泛指土壤中来源于生命的物质。农田中的土壤有机质主要来源于有机肥料、农作物的根、落叶等。经各种途径进入土壤中的有机质不断被土壤生物所分解,因此需要不断进行补充。土壤有机质以腐殖质最为重要,这不仅是因为腐殖质占土壤有机质总量的 85％～90％,更重要的是,腐殖质性质比较稳定,只能被缓慢分解,因此对稳定土壤的理化性质起着十分重要的作用。

土壤腐殖质是一种黑色的胶体物质,能吸附大量的水分子和各种离子。腐殖质的黏结力、黏着力比黏粒小,当黏粒外围包被有腐殖质时,其黏结力和黏着力都大大降低。所以增加土壤有机质的含量能降低黏质土壤的黏性,使其耕性得到改善。同样,有机质对沙质土壤的松散性也有明显的改良作用。腐殖质中的某些功能团,与 Ca^{2+} 形成的盐类是土壤形成微细结构和团粒结构不可缺少的物质。

腐殖质是一种胶体物质,具有巨大的表面积和表面能,能提高土壤吸附分子和离子态物质的能力,增强其保水保肥能力。腐殖质胶体上吸附的离子通过与土壤溶液中离子的不断交换,维持土壤酸碱度的相对稳定,从而提高土壤的缓冲能力。

所以,土壤有机质不仅直接向土壤中补充各种营养元素,更重要的是它能改善土壤结构、稳定土壤的理化性质,为农作物的生长提供性状稳定、条件优良的土壤环境,满足农作物生长对水分、营养元素的需求。

49. 土壤生物包括哪些种类?

土壤生物包括土壤微生物、土壤动物和植物。其中土壤微生物有细菌、放线菌、真菌、藻类和原生动物 5 个类群,细菌数量最多,其次是放线菌和真菌,藻类和原生动物数量较少。土壤动物主要有蚯蚓和线虫。它们在土壤中以土壤有机物为营养源或食物,促进了土壤有机物质的代谢和转化,改善了土壤的透气性和土壤结构状况。

50. 土壤微生物在土壤中有什么作用？

微生物是指肉眼看不见的微小生物。微生物在土壤中含量很大，每克土壤中含有几亿到几十亿个。它们使得土壤具有了生物的性能，主要表现在：土壤具有生物吸收的性能；土壤中进行着旺盛的生物循环，有机物质不断地无机化。

在农作物的根系范围内生活的微生物叫根际微生物。根际土壤中的微生物比根外土壤多几倍到几十倍，它们对农作物起着有利或有害的作用。根瘤菌与豆类植物共生，可吸收利用空气中的氮素；土壤中的硅酸盐细菌通过其生理活动产生的强酸，具有分解土壤中矿物磷、钾的作用，从而提高土壤磷、钾肥的供应量。土壤中有害的微生物也很多，叫致病菌，如棉花枯萎病、黄萎病病菌，天鹰椒的疫病病菌等，它们在土壤中广泛存在，在环境条件适宜、作物的抗病能力较低时，侵入作物体内并迅速繁殖，引发作物病害，这是农业生产上不提倡连作、强调轮作的基本原因之一，连作会使土壤微生物群落劣变，病原微生物群落扩大，增加作物感病、发病的概率。

人为调节土壤有益微生物的比例，趋利避害，在生产上是切实可行的。有机肥的堆制过程是微生物旺盛活动的过程，故有机肥中的微生物含量很高，通过增施有机肥可以改善土壤的微生物群落；菌肥的使用是对起特定作用的土壤微生物的补充或对土壤微生物群落的改造。利用有益微生物和抗病微生物的工作正在开展，将是今后控制土壤传播病害的重要途径之一。

51. 农田耕作中打破犁底层有什么意义？

犁底层，有的地方叫死土层，是指旱作农田中耕作层下面的一层颜色较浅、土质密实、坚硬的土层。它是因该层土壤长年得不到耕翻而形成的,该层土壤由于长年得不到耕翻,土壤有机质、矿质养分得不到补充,其营养物质相对匮乏。犁底层不利于作物根系的下扎,影响下层土壤养分的吸收利用,也有碍于上下层土壤水、气、热量及养分的沟通。生产上应逐年加大耕作深度,破除犁底层。

52. 深耕在天鹰椒生产中有什么意义?

深耕是重要的农艺措施,通过深耕可以增加土壤的耕层深度,为作物根系的生长提供更为广阔的土壤空间,有利于植物形成健壮、庞大的根系,为农作物的丰产丰收奠定基础。土壤经过累年耕种,耕层以下都有1层坚硬的犁底层,这层土壤硬度很高,多数作物的根系较难穿过,根系强壮的棉花也仅有少量根系穿过犁底层,进入下层土壤。因此,深耕打破犁底层,可为作物根系提供更为广阔的伸展空间和吸收空间。再者,深耕还能促进下层土壤矿化养分的活化和释放,发挥土壤的潜在肥力。这就是深耕在促进农作物增产上的作用机理,在天鹰椒这类浅根作物的生产中,深耕对培育植株强大的根系、预防根系的早衰、促进增产上,意义深远。深耕并不需要每年都进行,一年深耕,其效应期为2~3年。

53. 种植天鹰椒时为什么提倡多施有机肥?

天鹰椒根系弱、根量少、入土浅,要获得高产,必须为其提供良好的土壤环境。有机肥不仅含有大量的营养元素,各类营养齐全,还含有大量的有机质。有机质具有促进土壤团粒结构形成,改良土壤耕性、透气性及保蓄水肥能力,提高肥料利用率,增强土壤的缓冲能力等效能。增施有机肥,改善土壤环境是天鹰椒高产栽培中一项重要的技术措施。

有机肥的种类很多,如圈肥、厩肥、堆肥、沼渣、饼肥、绿肥、畜禽粪便、作物秸秆、树叶等,其来源十分广泛,且价廉易得。需要注意的是,有机肥在施入土壤前一定要经高温发酵、充分腐熟,田间不能施入生肥。有机肥堆制时与氮、磷肥一同堆制还有利于提高氮、磷肥的利用率。其次,要获得高产,有机肥施用量要足,以起到迅速培肥地力、改善土壤理化性状的作用,一般每 667 平方米用量应在 5 立方米以上。第三,注意茄科作物(茄子、番茄、土豆等)秸秆堆制的肥料不能施入辣椒田,以防同科作物间的病虫害交叉感染。

54. 为什么农田施用的有机肥一定要充分腐熟?

有机肥主要来源于作物的秸秆、杂草、落叶、畜禽粪便等生命有机体及其代谢产物,它们是一系列高分子化合物如纤维素、半纤维素、淀粉、脂肪、蛋白质等组成的,这些物质是植物根系不能直接吸收利用的,必须被微生物分解为小分子物质才能起到应有的作用。有机肥的堆制过程,就是微生物在适宜的温度、水分、氧气等环境条件下,对高分子有机质进行分解的过程,其分解过程中会吸收大量的水分并放出热量。经过一段时间的堆制,大量的有机质被微生物所分解,我们把它叫做腐熟肥料。

未经腐熟的有机肥施入土壤后,受土壤微生物的影响,也会进行生物发酵,强烈地吸收土壤水分、氮素并放出热量。如果这时种子刚出芽或幼苗刚出土,种芽或幼苗的根系就会因缺水、高温而造成烧芽或烧根,影响幼芽的正常出土及幼苗的正常生长,严重时会造成田间严重缺苗;苗子略大一点,部分根系受到正在发酵的有机肥料造成烧根,因发酵过程与根系相互争夺水分、养分，会造成幼苗发育迟缓、叶片色泽暗淡或发黄，严重的会"打蔫"。所以，生产上一定不要施用生粪。高温堆肥是腐熟肥，可以放心施用。

55. 目前我国的肥料利用率有多高？

作物的肥料利用率因肥料种类、土壤质地、气候条件及栽培管理措施的不同而有很大差异。一般情况下，北方旱地氮肥的利用率为 $20\% \sim 30\%$，磷肥为 $15\% \sim 20\%$，钾肥为 $30\% \sim 40\%$，这大体代表了我国肥料利用率的平均水平。而肥料利用率高的国家，氮肥达到 $50\% \sim 80\%$，磷肥的利用率达到 $20\% \sim 40\%$，钾肥达到 70%。可见我国的肥料利用率水平较低，肥料的流失浪费较为严重。

56. 什么是最小养分率？

植物为了生长发育，需要吸收各种养分，但是决定作物产量的却是土壤中那个相对含量最小的有效养分。如果无视此限制因素，继续增加其他营养成分，只能增加成本，却很难提高产量。生产实践充分证明了这一施肥原理，这就要求我们在生产中，要根据作物的需肥特点均衡施肥。

57. 如何提高肥料的利用率？

作物根系对土壤养分的吸收，受土壤温度、土壤孔隙度、土壤 pH 值、土壤水分、肥料种类等多种因素的影响，就一般农户讲，可以从以下几个方面提高肥料的利用率。

第一，根据土壤各营养元素的含量及作物的需肥特点施用。目前，农民的施肥带有很大的盲目性，一不知道土壤的养分含量，二不知道作物对养分的需求量和需求特点，这样有的肥料种类可能因施用过多造成了浪费,有的因施用量不足而成为制约产量的瓶颈。天鹰椒对氮、钾肥的吸收量较大,对磷肥的吸收量较小。近几年我国土壤严重缺磷的状况已经得到了根本性的好转,随着农作物产量的不断提高,从土壤中携出的养分量增多,部分地区土壤的速效钾含量下降幅度较大。这就要求我们在施肥结构上要进行适当的调整,如进行测土配方施肥。

第二,改变肥料的施用方法。肥料施入土壤后要被土壤溶解、吸附、转化,才能被根系吸收利用。肥料转化的过程中有一部分被土壤以离子态吸附,还有一部分与其他土壤离子发生化学反应变为非水溶态,成为无效态,不能被根系吸收利用,磷肥在土壤中发生这种现象较为明显,而氮、钾肥在土壤中多以水溶态存在。磷肥与有机肥一同堆制后再施入田间,可利用有机质自身强大的吸附能力,减少磷酸根离子与土壤离子的反应,减少磷酸根的固定,增加肥料的有效性。据报道,铵态氮肥与有机肥一同堆制后,也有提高肥效的作用。氮、钾肥因其水溶性强,宜根据作物的需肥规律、生长特点,分次施用,可以减少肥料的流失,提高肥效。

第三,选用颗粒状肥料、缓释肥料。颗粒状肥料因其颗粒状结构,使其与土壤的接触面减小,有利于保持肥料的有效性,延长有效期;缓释肥料是在肥料颗粒的外层包裹一层高分子膜,它具有一定的通透性,可以使养分缓慢地释放出来,而起到减少养分流失的作用,如涂层尿素就是一种缓释肥料,在土壤中的有效期可达 50 多天,它的养分利用率可达 50%以上。

第四,增施有机肥,可促进土壤团粒结构的形成,改良土壤结构,促进根系的呼吸作用,同样也有利于根系对土壤营养物质的吸收。增施有机肥还可促进土壤微生物的活动和繁殖，改善土壤微生物群落结构，活化土壤养分，提高养分的吸收利用率。

第五，适宜的土壤含水量，可以保持土壤养分处于有效状态，保持根系旺盛的生理活性，对提高养分的有效利用率也是必不可少的。土壤干旱或含水量过高，都不利于根系的呼吸代谢和吸收。一般土壤相对持水量以 60%～70%最为适宜。

58. 天鹰椒有什么需肥特点？

在农作物的需肥规律中，氮、磷、钾是需求量最大的三大营养元素，钙、镁、硫为中量元素，锌、硼、钼、铜、铁、锰、氯是吸收量很小的微量元素，这些都是作物生长发育过程中所必需的营养元素。据报道，天鹰椒每 667 平方米产量为 255 千克时，平均养分吸收量为氮 18.27 千克，五氧化二磷 3.8 千克，氧化钾 17.67 千克，钙 8.27 千克，镁 1.73 千克，养分比例为 1：0.208：0.967：0.453：0.095，属喜氮、钾作物，对氮、钾的吸收量较高。其果实、叶片中氧化钾含量最高，氮次之，五氧化二磷最低；而根茎中氮含量最高，氧化钾次之，磷最低。镁主要分布在天鹰椒的叶片内，果实及根茎中为微量，钙在根茎叶中含量较高，果实内含量较低，以上可作为施肥的参考依据。此外，还应考虑到目标产量水平、地力基础等因素。营养元素之间，因肥料施用量及施用比例的不同，会对其他元素的吸收产生促进或抑制作用，影响肥料的吸收利用率及肥料的有效性，生产中一定要考虑到肥料的平衡使用，增施有机肥料，可提高土壤自身的缓冲能力，减轻各营养元素之间的相互影响。各地土壤氮、磷、钾主要养分的含量等具体情况，可到当地农技推广部门或科研院所咨询。

59. 氮在天鹰椒生育中的作用是什么?

氮是蛋白质的主要组成成分之一,而蛋白质又是一切生命活动的基础。植物的光合作用中酶的活动,根、茎、叶、花、果的生长,植物的呼吸代谢等都离不开氮素,由此可见,氮在植物营养中占有的重要地位。苗期缺氮,天鹰椒植株细弱、矮小、叶色黄绿、分枝少;现蕾开花期缺氮,会出现大量的落花落蕾。植株缺氮会影响植株对磷、钾的吸收,造成植株早衰,种子成熟度差,导致减产乃至绝收。天鹰椒在苗期需要充足的氮素供应,到开花结果期需求量达到最大值。

60. 磷在天鹰椒生育中的作用是什么?

磷是植物体内许多重要物质不可缺少的成分,如核蛋白、磷脂和许多酶的活动都需要磷的参与。植物体内糖类的合成、运输也需要磷的参与。磷能促进根系的发育,降低叶面蒸腾强度,促进糖类、脂类、蛋白质的合成。天鹰椒植株生长前期缺磷,可导致根系弱小且生长缓慢、植株矮小、叶色灰暗;后期缺磷,则会降低坐果率、着色慢、果实发育慢,成熟延迟。

61. 钾在天鹰椒生育中的作用是什么?

钾主要存在于天鹰椒植株的果实、叶片中,在植株生命最旺盛的部位,如幼芽、嫩叶、根尖等处含量较多。钾是作物体内许多酶的活化剂,能提高光合作用强度,促进糖类及蛋白质的合成,促进分枝的形成,增强植株抗逆、抗病能力。天鹰椒缺钾时,首先是老叶叶尖和边缘发黄,进而变褐、枯萎、脱落,但叶片中部靠近叶脉附近仍保持绿色,缺钾严重时,幼叶上也可出现上述症状。天鹰椒是喜钾作物,其吸收量与氮相近,生产中一定要重视钾肥的施用。

62. 造成植株缺素症的原因有哪些?

土壤是一个复杂的环境,造成植株缺素症的原因也很复杂,其常见原因有以下几个方面。

(1)重茬种植 不同作物的需肥特点不同,对各种养分的吸收量及吸收比例也不同,重茬种植会因上茬作物的吸收造成土壤养分失衡,继续种植同一种作物更容易表现土壤某种养分的不足,造成植株缺素症的出现。这类缺素症发生的原因归根到底是土壤缺乏某种元素引起的。

(2)地温低 地温低于15℃后,根系的生理活动会受到明显抑制,从而影响到根系对土壤养分的吸收,使植株表现缺素症。

(3)干旱 土壤长期缺水会使土壤溶液浓度提高,养分的有效性降低,影响根系对土壤养分的吸收利用,导致植株缺素症的出现。

(4)湿度大 田间土壤湿度过大,会使作物根系的有氧呼吸作用受到抑制,影响根系的吸收功能,阻碍根系对土壤养分的吸收;田间浇水量过大或降水量过大还会直接使土壤中的可溶性养分随水下渗,造成根际土壤某些养分的缺乏,使根系处于某些养分的饥饿状态。这些都可以直接导致植株缺素症的出现。

(5)根系早衰 这是作物生长中后期容易出现的问题,根系吸收能力下降,直接影响作物的生长发育进程,如果根系衰老过早,必然会影响根系对土壤养分的吸收功能,可能引起植株的缺素症,严重的可能引起植株死亡。

63. 如何鉴别天鹰椒的缺素症状?

植株的缺素症是一个很复杂的生理现象,在不同作物上的表现也不尽相同,但也有其相同的规律。

铁、硫、钙、硼、锰、锌等元素在植物体内移动性差,植株缺乏这些元素时首先在生长旺盛的部位表现出缺素症状,如心叶失绿、发白或发黄,心叶干枯等。

镁、氮、磷、钾等元素在植物体内可移动性强,一旦出现缺乏,首先由植株下部叶片中的同类元素向植株上部供应,故植株缺素首先在下部叶片表现,导致叶片黄化、失绿、脱落等症状。

天鹰椒缺氮时首先是植株下部叶片表现症状,叶片变黄、脱落,严重时植株矮小、缺乏生机;植株缺磷时叶片颜色灰暗、植株发育迟缓、植株矮小;植株缺钾严重时,首先是下部叶片变黄、坐果率低。如果田间出现明显的缺素症状,首先要请技术人员确定是缺乏什么元素,然后根据具体情况选择含有该元素的相应肥料,或喷施或根施,进行对症治疗。

64. 如何预防缺素症的发生?

随着农产品产量的提高,重茬种植面积的增加和有机肥用量的减少,近几年田间缺素症时有发生。产生缺素症的主要原因表现在 2 个方面,一是土壤中缺乏某种元素,二是土壤中并不缺乏这种元素,但由于其他条件的限制,不能被植物吸收利用。因此,要预防田间缺素症的发生,首先要平衡施肥、增施有机肥,以保证土壤中各营养元素的充足;其次,要创造有利于植物根系生理活动的土壤环境(水、肥、气、热),维持根系旺盛的生命活力。

五、播种育苗

65. 生产中培育壮苗有什么意义?

培育根系发达、叶片肥厚、茎秆粗壮的幼苗,有利于分化高质量的花器,降低花果脱落率。壮苗移栽后缓苗快,有利于提早搭好丰产架子。壮苗的生产能力强,增产潜力大。实际生产是一个长达几个月的连续过程,这个过程中的某一环节出现问题,都会对最终产量的形成造成影响。育苗是生产过程中的第一个环节,如果搞不好,就会对以后的整个生产过程产生不可弥补的影响,因此可以说培育壮苗是为丰产打下了基础。

天鹰椒的壮苗标准是:株高 20 厘米左右,具有 10～14 片真叶,叶片肥厚,叶色浓绿,茎秆粗壮,节间长 1.2 厘米左右,有 2～3 个侧根,少数植株带花蕾,无病虫害。

66. 如何计算天鹰椒播种量?

天鹰椒的种子较小,每千粒种子重 4.5～5 克,每 100 克种子约 2 万粒。天鹰椒一般每 667 平方米栽苗 2 万株左右,按 80% 的出苗率、80% 的成苗率计算,每 667 平方米大田至少要准备 150～200 克的种子育苗,这样移栽时可剔除病弱苗、老化苗,只栽壮苗,并有少量备用苗供大田补栽用。若备种过少,则栽苗时就得用上病弱苗、老化苗或进行稀植。若用种子进行播种,每 667 平方米大田播种量不应少于 500 克。

67. 播种前如何进行种子处理？

种子处理可明显提高种子活力、提高种子的发芽率和发芽势,杀灭种子表面携带的病原菌。常用的种子处理方法有以下几种。

(1)晒种　播种前 7～10 天,选晴暖天气将种子薄摊在竹席或麻袋上,晾晒 3～5 天。注意不能直接在水泥地面上晒种,否则有可能使种子失去发芽能力。

(2)烫种　在晒种的基础上,用 55℃左右的热水(2 份开水对 1 份凉水),倒入盛种子的容器内(水量是种子重量的5～10 倍),不断搅拌到水温降至 30℃。

(3)药剂处理　将充分晾晒的种子先用 30℃温水浸种 10分钟,再用 0.1％高锰酸钾溶液浸种 10 分钟,最后用清水将种子冲洗数遍,将种子上的药剂冲洗干净。

按上述方法处理的种子,能杀灭种子表面的大部分病原菌。如打算催芽后播种,应继续在 30℃的温水中浸泡 8～10小时,捞出晾干种子表面的水分,于 25℃～30℃的环境下保湿催芽,催芽过程中每天用 30℃的温水冲洗种子 1～2 遍,洗净种皮上的黏液,有 1/3 的种子出芽时即可播种。催芽的种子播后出苗快,苗齐苗壮,建议在生产中广泛应用。

68. 如何建造阳畦？

阳畦由风障、畦框、覆盖物三部分构成。风障位于阳畦的北侧,起阻挡寒冷北风的作用。覆盖物有透明的玻璃、塑料薄膜和不透明的草帘等。阳畦东西走向,长度不限,宽 1.5 米左右,东西两框呈斜坡,南框高 10～15 厘米,北框高 45～50 厘米,畦上南北走向架木棍用于支撑覆盖物,畦深 30 厘米左右,见图 10。由于阳畦的透明覆盖物为斜面,透光率高,光照时间长,畦内的透光增温效果好于小拱棚。阳畦一般在上一年土壤封冻前做好,最迟在当年土壤解冻后及时开挖,不可过迟。阳畦是一种基础设施,温床一般是用阳畦的基本结构改建而成的。

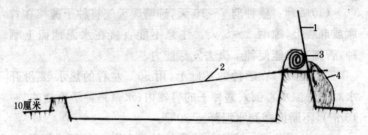

图 10　阳畦结构示意图

1. 风障　2. 透明覆盖物　3. 保温覆盖物　4. 土堆

69. 育苗畦加风障有什么作用?

风障有大风障、小风障之分,大风障高 1.5～2 米,小风障高 1 米。风障越高,挡风增温效果越好。春季育苗床一般用小风障即可。我国北方地区早春冷空气活动频繁,天气变化剧烈。风障具有良好的防风增温效果,风障畦前土壤解冻比露地可提早 15～20 天。苗床搭建风障后,苗床温度可明显提高。风障一般在畦的北侧,向南倾斜 75°～80°。搭建时先搭好主架,背侧盖玉米秸、谷草等,用绳捆紧,防止被大风吹掉。

70. 春季采用温床育苗的优点是什么?

春季我国北方地区气温回升虽快,但天气极不稳定,忽冷忽热是常事;地温回升速度慢,一般要比气温滞后 15 天左右。

育苗前期外界气温偏低也影响到苗床温度的提高及稳定,如不采取措施,育苗前期苗床地温很难达到种子发芽的最适温度。遇到低温连阴天气,苗床温度就更难保证,除非将播种期后延。使用较多的小拱棚育苗,设施本身保温能力差,遇到低温连阴天气,将出现苗床温度偏低,种子发芽慢,出苗率低,长期低温可造成烂籽,促使苗床病害的发生。天鹰椒属喜温作物,种子发芽的最低温度为 15℃,最适宜的温度为 25℃～30℃。采用温床育苗,可减轻春季不良天气对苗床的影响,创造适宜的苗床环境,促进种子的发芽、出苗,达到苗齐苗壮、培育适龄壮苗的目的。

71. 常用的育苗温床有哪几种?

根据热量来源的不同,常用的温床有酿热温床和电热温床。酿热温床是在育苗土下铺 1 层马粪、作物秸秆做酿热物,利用酿热物发酵过程中产生的热量来提高苗床温度,其优点是经济实惠,使用方便。电热温床是在床面下铺 1 层电热线,利用电热提高苗床温度,其优点是可根据需要随意调节苗床温度。这 2 种温床使用成本都不高,育苗效果好。

72. 如何建造电热温床?

电热温床的建造很简单。首先选择电热线,如按每平方米 120～140 瓦布线,选 1 200～1 400 瓦的电热线,即可建 10 平方米的温床。然后建造阳畦,阳畦底部整平踩实,上面铺电热线,线铺好后填入 8～10 厘米厚的育苗营养土,灌水洇畦。水渗下后,表层撒 1 层细干土,即可通电增温,5 厘米地温达到 20℃ 以上就可播种,苗床上盖塑料薄膜,夜间加盖草帘保温,见图 11。

需要注意的是,电热线在阳畦内不是均匀分布的,北部1/3至苗床中间稍稀,南部及南北两边稍密,以使苗床土温均匀。铺线前先按设计的布线方案插好小木棍,然后布线,线要拉直但不可用力,线的两端与引线接口处经绝缘包裹后埋入土中,不可暴露在空气中,以防将线烧融。接好后先短时通电,检查电热线是否能正常工作,有控温仪的将控温仪同时安装好。如各部分工作正常,就可考虑播种育苗了。

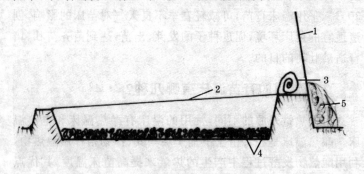

图 11　电热温床结构示意图
1. 风障　2. 透明覆盖物　3. 保温覆盖物　4. 电热线　5. 土堆

73. 如何建造酿热温床?

酿热温床是利用微生物分解有机物过程中产生的热量来实现苗床增温的一种设施。它具有投资小、原料广泛、使用方便、增温效果好等优点。酿热温床一般床面宽 1.5～2 米,长度不限,床底呈南低北高的斜面,以使南部能填充较多的酿热物,使苗床温度均衡一致。床底部铺 5～7 厘米厚的碎草,中间铺 15～20 厘米厚的马粪,分层踩实后,上层再铺 10 厘米厚的营养土。苗床浇透水,苗床上部盖塑料薄膜及草帘,北侧树立 1.2 米高的风障。待 5 厘米土温升高到 20℃以上后播种,见图 12。

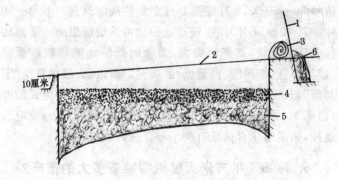

图 12　酿热温床结构示意图
1. 风障　2. 透明覆盖物　3. 保温覆盖物　4. 营养土　5. 酿热物　6. 土堆

74. 如何配制育苗营养土？

育苗营养土应该疏松，富含各种营养成分，无病虫、杂草种子。选 3 年以上未种过茄科作物的菜园土或小麦、玉米田的表土，与充分腐熟的圈肥或各种粪便按 2∶1 配制。过筛之后，每立方米土肥混合物加含氮、磷、钾各 15% 以上的复合肥 2 千克，混合均匀，苗床的营养土厚度达 10～12 厘米，也可装入育苗穴盘。每 667 平方米大田的育苗床约需营养土 2 立方米。取 1/8～1/7 的育苗土，每平方米营养土拌入按 1∶1 比例配制的 50% 多菌灵与 50% 福美双混合剂 8～10 克，播种前用 2/3 铺底，1/3 盖在种子上，对苗期病害可起到良好的预防作用。

75. 如何确定天鹰椒的育苗时间？

天鹰椒的育苗时间应根据栽苗时间、移栽苗龄及当地的气候条件而定。一般可在当地终霜期（春季最后一次霜冻的时间)往前推 50～60 天开始育苗。冀州市 3 月上旬育苗,日历苗龄 50～60 天,4 月底至 5 月上旬移栽时幼苗可长 8～10 片叶。具 10～14 片叶、生长矮壮的幼苗是最理想的。适龄壮苗移栽后缓苗快,高产潜力大,柔嫩的低龄幼苗移栽后缓苗慢、成活率低、结果晚、产量低、品质差。所以,天鹰椒育苗"宁早勿晚",只要苗床温度条件能满足种子萌发及幼苗生长的要求(苗床 10 厘米土温 20℃以上,最低气温 13℃以上),就应及时播种,采用温床育苗最有利于培育适龄壮苗。

76. 种 667 平方米天鹰椒需准备多大的苗床?

天鹰椒一般每 667 平方米栽 2 万株左右较为适宜。如果按培育的苗都是壮苗来计算,增加 5%的备用苗,667 平方米地约需育成 2.1 万株成品苗。按苗床上平均 3 厘米栽 1 棵幼苗,则需准备 19 平方米使用面积的苗床。如果将苗距扩大到 3 厘米以上,对培育壮苗更为有利,这样苗床面积需要相应增加。

77. 育苗床如何使用除草剂?

育苗床高温、高湿、营养充足,这种小气候环境不仅有利于秧苗的生长,同样也有利于杂草的萌生。杂草在这种优越的小气候环境中,生长迅速,竞争力强,比天鹰椒秧苗的生长速度要快数倍,因此苗床易产生草荒。另外,杂草种子的生命力极强,在土壤内可以存活数年甚至数十年,一旦遇到适宜的温度、光照、水分、空气条件,就会萌发。因此,苗床杂草是育苗过程中的重要问题之一。

氟乐灵作为茄科作物安全的除草剂,具有良好的防草效果,其使用剂量为,每 667 平方米地块用 48%氟乐灵乳油 200

毫升,对水 50 升。因苗床面积较小,使用时一定要做到准确计量苗床面积和用药量,并均匀喷施。否则,不但起不到应有的除草效果,还可能影响到种子的发芽及幼苗的生长。为施药均匀,可将药液预先喷到一定量的过筛细土中,边喷边翻,喷完后再翻 2 遍,使药、土混合均匀,待播完种后均匀撒入苗床内表层即可。

施用过氟乐灵的苗床秧苗一旦出现生长缓慢、叶片发黄等症状,首先看苗床是否缺水、温度是否偏低,在排除以上原因后,应考虑是否为氟乐灵中毒。如果确认是氟乐灵中毒,可少量浇水追肥,并叶面喷施云大 120 等植物生长调节剂,及时解除药害,促使秧苗恢复正常生长,防止秧苗生长严重受抑。

78. 天鹰椒育苗前需做什么准备?

首先,在上一年入冬前,做好苗床,并配制好育苗营养土备用。在播种前 10~15 天将营养土填入阳畦,并浇 1 次透水,水量要足,盖上塑料薄膜对阳畦进行预增温,夜间加盖草帘或棉被保温。用电热温床育苗的,在播种前 3~5 天通电增温;用酿热温床育苗的,应在播种前 20~25 天填入酿热物及育苗营养土,扣膜进行预增温。当苗床 10 厘米土温稳定在 20℃以上时即可进行播种。如需进行催芽,这段时间内要提早做好相应的安排。

79. 天鹰椒播种时应注意什么?

(1)足墒播种 播种前 10~15 天浇 1 次透水,水量要足,基本上能满足苗期对水分的需求。

(2)适温播种 播种后苗床土温的高低直接关系到种子能否顺利发芽、出苗。因此,播种前必须连续几天观测苗床

10 厘米土壤的最低温度（每天日出前或揭草帘后），当 10 厘米最低土温连续 5 天稳定在 20℃以上时才可播种，并应保证播种后有 7～10 天的晴暖天气，以便保持较适宜的苗床温度，使种子顺利发芽、出苗。用温床育苗，在 5 厘米土壤最低温度（日出前）达到 20℃以上即可播种。

（3）均匀撒籽　播种前先在床面撒一薄层营养土，将种子分成 3 份，分 3 次撒入苗床，力求均匀，播完后盖 1 厘米厚的过筛细土，床面上覆盖 1 层地膜，将畦上塑料膜封严。为防止地下害虫为害，每 10 平方米苗床可用 5％丁硫克百威颗粒剂 100 克，或 30％丁硫克百威乳油 10 毫升与麦麸拌成毒饵后，撒于畦面。

80. 育苗床选用哪种塑料薄膜覆盖效果最好？

苗床透明覆盖物的透光率越高，则可见光透入育苗设施内越多，设施内的光照条件就越好，增温作用也就越明显，苗床的温度及光照条件就越好。常见的塑料薄膜有以下几种：普通聚乙烯膜、聚乙烯无滴膜、聚氯乙烯无滴膜、醋酸乙酯无滴膜等。从其透光率来看，无滴膜透光率都在 80％以上，普通聚乙烯膜因膜上水滴对光的反射、折射作用，光线透射率仅 50％左右，可见选用无滴膜进行育苗，对改善苗床的温度、光照条件是非常有益的。另外，在育苗过程中，经常清扫塑料膜，保持膜面洁净，对保持塑料薄膜的良好透光效果，也是十分重要的。

81. 育苗床的保温覆盖物的作用有多大？

阳畦或小拱棚，因缺乏人工热源，都叫冷床，它是利用太阳光能为苗床蓄积热量的。无论冷床还是温床，晴天的白昼是个增温过程,夜间因其温度高于外界空间,是苗床的降温期或热能散发期。塑料薄膜晴天具有良好的增温作用,一般可增温 15℃～20℃,但其保温能力很差,如不加草苫等保温覆盖物,冷床的最低气温仅比外界高 2℃～3℃,有时比外界气温还低;温床情况略好,但也不能达到天鹰椒秧苗生长发育的适宜温度。蓄积较多热量,保持适宜的苗床温度是苗床前期管理的重点,因这一阶段天气极不稳定,有时还有霜冻。夜间加盖草苫等保温覆盖物,就可有效地减少苗床的热量损失,比不盖保温覆盖物的最低气温可提高 3℃～5℃,所以保温覆盖物是春季育苗阳畦不可缺少的一部分。据笔者调查,在天气良好、气候温暖、光照充足的年份,小拱棚育苗,盖草苫的 12 天齐苗,不盖草苫的 16 天才开始出苗。出苗期一旦遇上连阴天气,出苗时间的差异就更大。

82. 育苗过程中,苗床管理的要点是什么?

苗床管理是一整套技术,概括其要点有以下几个方面。

一是草苫白天揭开,夜间盖上保温,即使阴天也应在中午前后揭开 3～4 小时,使秧苗见光。外界最低气温高于 10℃后夜间可不盖。苗床草苫的揭盖管理需 20 余天的时间。

二是出苗前保持较高的苗床温度,白天 25℃～30℃,夜间 15℃～18℃。使用电热温床育苗的要通电加温,使 5 厘米土温保持在 20℃以上。有 1/3 的幼苗出土时及时揭掉地膜,防止烫伤幼苗。

三是齐苗后,苗床气温白天 20℃～25℃,超过 25℃放风降温,夜间 15℃～18℃,预防高脚苗产生。草苫适当早揭晚盖,延长光照时间。

四是幼苗长出第一片真叶后,苗床气温白天保持 25℃～

28℃,超过 30℃放风,夜间保持 18℃～20℃。及时间开疙瘩苗,苗距 1.5 厘米左右,幼苗长出 2 片真叶后进行第二次间苗,苗距 3 厘米。间苗时去弱留壮。

五是育苗前期出现缺水症状,可利用中午外界气温较高时的无风天气,揭开塑料膜,喷 25℃～30℃温水,不能喷凉水,喷后将膜及时扣严;中后期苗床缺水可在早晨适量喷水或灌水,避开中午浇水,也可在中午浇 25℃以上的温水,水量宜小,防止幼苗旺长。

六是通过放风来调节苗床温度。苗床前期放风时,注意顺着风向开风口,防止凉风直接吹入苗床,造成闪苗,北面有风障的,应在北面先开放风口。随着外界气温的升高,不断扩大放风口,增加风口数量,使苗床内保持适宜温度。

七是发现苗床病虫害,应及时采取措施、对症施治,控制病虫害的进一步发展。

83. 炼苗的目的及方法是什么?

炼苗的目的在于通过苗床控水、降温、放风等手段,锻炼秧苗,使秧苗移栽到大田后能适应露地的气候环境,缓苗快,成活率高。

炼苗的方法是:在幼苗移栽前 10～15 天将苗床浇 1 次透水,水渗后按苗距切坨,切深 5 厘米。同时逐步加大放风量,延长放风时间,到定植前 7～10 天实行昼夜大通风,去掉所有覆盖物。需要注意的是,炼苗是个循序渐进的过程,不可操之过急;炼苗期间遇大风、降温或霜冻天气,应及时回扣覆盖物,确保幼苗安全。

84. 能否用植物生长调节剂控制幼苗的徒长？

阳畦及小拱棚育苗设施的特点是温度高、湿度大、昼夜温差大、光照弱，这种小气候环境是非常有利于幼苗徒长的，一旦管理不到位，非常容易出现幼苗叶片薄、茎秆细弱、节间细长的徒长苗。所以，在我国北方地区利用早春育苗设施提早育苗时，培育壮苗是生产中的重要技术措施之一。因育苗时外界气温尚低，人们往往不能合理地控制温度、水分等苗床环境因子，到育苗后期外界温度较高时，秧苗已基本定型，这是形成徒长苗的直接原因之一。通过几年的试验摸索，笔者发现，幼苗具2片真叶时用500毫克/升矮壮素或200毫克/升缩节胺喷洒幼苗，均能起到明显地控制幼苗徒长、降低幼苗高度的作用，同时可明显的增加幼苗干物质的积累量，对培育壮苗具有明显的效果。但它不能代替正常的温度、水分管理，施药后仍需加强苗床的管理，才能达到预期的目的。

85. 对天鹰椒种子发芽、出苗影响最大的因素是什么？

在种子有充足的氧气和水分供给的前提下，温度是影响种子发芽和出苗的主要因素。据资料介绍，天鹰椒种子在30℃下发芽最快，2～4天发芽率可达70％～85％，温度在20℃～30℃之间波动时，需13～18天发芽率才达到90％。温度对出苗速度也有同样的影响，在30℃条件下，6天出苗率可达97％，25℃下8天出苗率才达到94％，随着温度的继续下降，出苗所需时间要成倍地延长，低于15℃则不会出芽。这就是强调播种时注意苗床温度及天气状况的原因，如果没有适宜的温度保证，过早播种是有害无益的。

86. 什么是烤苗?

烤苗是苗床管理不当造成的一种高温生理病害,具有发病快、危害大的特点。其症状首先是下部叶片萎蔫下垂,幼苗茎秆变软,进而整株叶片萎蔫下垂,随着高温时间的延长,幼苗可干枯死亡。发生烤苗的主要原因是苗床土壤水分不足,加上苗床内温度过高(气温在 40℃以上时易发生烤苗),秧苗吸收的水分不能弥补叶片的蒸腾损失,以致幼苗萎蔫、逐渐失水、干枯。在苗床管理中,保持苗床合理的土壤水分及适宜的温度,不仅是秧苗健壮生长、培育壮苗的需要,也是预防多种生理障碍,保证生产正常进行的需要。发生烤苗现象时,应及时给苗床补充水分,同时扩大放风口,增加苗床通风量,降低床内温度,必要时可在中午高温期遮荫,以防止幼苗受害程度的加剧。

87. 什么是闪苗?

同烤苗一样,闪苗也是苗床管理不当造成的一种生理性病害。它是由于环境条件突然改变而造成的叶片凋萎、干枯的现象,这种现象在整个苗期都可发生。外界温度较低、苗床内温度较高时突然大量放风,使苗床内外的空气交换量突然加大,苗床内空气相对湿度骤然下降,造成幼苗叶片蒸腾加剧,失水过多,致使秧苗萎蔫、叶片上卷,严重者叶片干枯。在苗床管理上,一般在床内气温 25℃以上时就应及时通风,遇到外界风力较大、气温又较低的天气,通风口一定要选在顺风向开口,更要避免吹过堂风。发生闪苗后应及时查清原因,采取相应的补救办法,或减小风口,或关闭一侧风口,防止受害程度加剧。

88. 为什么会出现种苗带帽出土现象？

带帽出土是双子叶植物特有的一种现象，是指种壳随幼苗一并拱出土外，子叶不能正常展开，被种壳卡住。种苗出土后就由异养阶段转向了自养阶段，子叶不能充分展开，直接影响子叶的光合作用，影响幼苗的正常生长。带帽出土的原因是种子上面覆土过薄，种子发芽后没有足够的压力，以致种壳不能留在土壤中，而和幼苗一同顶出土壤；覆土过厚，将影响种子的出苗率。一般覆土厚度以1厘米左右为宜。

89. 壮苗、弱苗、老化苗的区别表现在哪些方面？

壮苗一般表现为茎秆粗壮敦实、叶片肥厚、叶色浓绿、根系发达、无病虫害。

弱苗表现为茎细长、节稀疏、节间长、叶片薄、叶色淡、叶柄细长、根系发育差。苗床密度大、间苗不及时、肥水偏多、光照条件差、苗床温度偏高是形成弱苗的主要原因。

老化苗的特征是：茎细而硬，叶片小而黄，根少色暗，植株矮小。造成老化苗的主要原因有干旱、苗床缺水缺肥、长期低温等。

弱苗、老化苗在移栽时应淘汰，这类苗移栽后缓苗慢、成活率低、生产潜力小，不可能获得高产。

90. 苗床四周苗壮、中间苗弱是怎么回事？

苗床中间秧苗细长、瘦弱、节间长、叶片薄是育苗中的一种常见现象，这种苗是典型的弱苗。造成这种现象的主要原因有以下几点。

一是苗床面积偏小，秧苗过于拥挤、光照过弱而形成徒长苗。

二是苗床中央光照相对较差,温度较高,易徒长,苗床四周光照较充足,不易徒长。

三是苗床四周温差较大。绿色植物是白天进行光合作用,制造养分,夜间完成养分的运输及细胞的伸长、生长。苗床四周的夜间温度低于苗床中部,细胞伸长幅度较小,苗床四周的秧苗较中间的敦实健壮。

总之,秧苗过于拥挤,出苗后苗床温度高、湿度大,加上光照条件较差,幼苗在这种环境条件下极易徒长。在育苗过程中,扩大苗床面积、选用无滴膜覆盖、合理控制苗床的温度与水分,可明显减轻苗床四周苗壮、中间苗弱的现象。

91. 苗床出现烧苗现象怎么办?

烧苗一般出现在苗床中部,幼苗表现黄弱、茎细而硬、生长缓慢,拔下幼苗检查,可见根系变褐,根量少。对这类苗如不及时采取补救措施,最终将成为小老苗,不能使用。烧苗易发生在酿热温床、施用未腐熟有机肥较多的苗床及土壤养分严重匮乏的苗床。未腐熟的有机肥在腐熟过程中要吸收大量水分并放出热量,造成幼苗缺水及烧根,而营养严重匮乏的苗床则由于幼苗长期营养不良,处于饥饿、半饥饿状态,造成秧苗老化。另外,苗床前期严重缺水、苗床长期低温也会出现烧苗症状。

苗床四周多不会出现烧苗症状,主要原因如下:一是苗床内以中部温度最高,土壤水分蒸发快于四周,所以苗床中部易出现缺水症状。二是塑料薄膜(包括无滴膜)的流滴作用,使苗床四周及边缘地带的土壤能得到一定的水分补充。三是苗床边缘受苗床邻近土壤水分的影响,即使缺水缺肥也不会像中间那样严重。四是边缘地带有机物发酵产生的热量能向四周土壤传导，可在一定程度上减轻烧苗症状。

遇到烧苗情况后，应及早查明原因，及时补水或水肥并补，苗床温度低的要采取增温保温措施。

92. 天鹰椒常见的苗期病害有哪些？

（1）猝倒病　患病幼苗茎基部呈水渍状病斑，病部变黄褐色，缢缩成线状，病害发展迅速，在子叶尚未凋萎前，幼苗就猝倒。苗床开始发病时多为少数植株，几天后，就可蔓延到整个苗床，引起成片倒伏。

（2）立枯病　刚出土的幼苗及大苗均能受害，多发于育苗的中后期。患病幼苗茎基部产生椭圆形暗褐色病斑，早期病苗白天萎蔫，夜晚恢复，病部逐渐扩大、凹陷，最后绕茎一周，病部干枯，植株死亡，但不倒伏。

（3）沤根　患病幼苗新根不发，根皮呈锈色腐烂，地上部萎蔫，病苗容易拔起。造成沤根的主要原因是苗床温度低、湿度大。

93. 天鹰椒苗期病害发生的原因有哪些？

一是苗床管理不当，如播种过密、间苗不及时、放风量小等不利于幼苗健壮生长的各种管理因素都是诱发苗期病害的原因。

二是低温、高湿的苗床环境是有利于猝倒病发生的气象因子，苗床温度长期在15℃以下，苗床湿度大，长期低温连阴天气，苗床光照条件差，幼苗生长细弱等，都有利于病害的发生。

三是幼苗子叶中的养分已经耗尽而幼茎尚未木栓化之

前,其抗病能力最弱,这时是幼苗对病害的易感阶段,特别是幼苗猝倒病最明显。因为新根未扎实、真叶没有长出之前,幼苗体内的营养物质不会迅速增加,抗病能力不能迅速提高,如果这时遇到低温连阴雨天气,幼苗本身的养分消耗多于积累,植株衰弱,有利于病原菌的侵入,会造成病害的严重发生。

94. 天鹰椒苗期病害如何防治?

一是苗床建在地势较高、排水较好的地方,选无病新土做床土,扩大苗床面积,改善苗床光照条件。

二是选择温床育苗,做好苗床的增温、保温工作,加强苗床管理,培育健壮秧苗。

三是育苗时用药土对种子下铺上盖(见播种育苗部分)。发病后用 75%百菌清可湿性粉剂 800 倍液喷洒,有一定的防治效果。

六、整地移栽

95. 为什么说天鹰椒不宜重茬种植?

有资料表明,天鹰椒忌重茬连作,连作 1 年减产 10％～20％,连作 2 年减产 20％～30％,连作 3 年减产 30％～40％。这是天鹰椒老产区单位面积产量下降的主要原因之一。连作使田间土壤养分失衡、病害加重、土壤微生物群落发生变化及天鹰椒根系分泌物的积累等,这些都不利于天鹰椒正常生长。由于天鹰椒连作障碍严重,可导致大幅度减产,生产中应避免与茄科作物(茄子、辣椒、番茄、土豆等)连作,实行 4～5 年轮作制,同时茄科作物秸秆沤制的肥料也不宜施到天鹰椒田里。与天鹰椒接茬较好的茬口有玉米、大豆、葱蒜类等作物,也可与这些作物间作套种。

96. 天鹰椒直接播种与育苗移栽有什么区别?

据试验,田间直接播种天鹰椒种子,虽比育苗移栽的天鹰椒播种期晚近 1 个月,但两者开花结果等生育进程差别不大,成熟果比例及产量没有明显差异。两者的差异表现如下。

一是直播苗根系比移栽苗发达,主根完整。据盛花期取样测定,直播苗根系干重比移栽苗要高 1 倍,根系总长度多 60％左右。庞大的根系有利于幼苗发育,促进其生育进程。

二是直接播种的天鹰椒没有缓苗期,移栽苗缓苗期在 7～10 天,甚至更长,这就使得 2 种秧苗的生育进程差别进一步缩小。

三是直接播种的天鹰椒根系发达,植株营养状况好,分枝出现早,生长快,开花期处在有效花期内,果实能正常红熟。

97. 田间直接播种天鹰椒种子应注意什么?

田间直接播种天鹰椒种子有着较高的技术要求。天鹰椒种子小(千粒重仅 4.5～5 克),种皮较厚,生产中应注意以下几点。

一是播种时间。天鹰椒的播种时间一般在当地晚霜前 7～10 天,要播在霜前,出在霜后。播种时当地 10 厘米最低地温要稳定通过 12℃。

二是播种天鹰椒种子要求有良好的土壤墒情,特别是口墒(指 5 厘米内表土层的墒情)要充足,因此造墒不可过早,一般在播前 7～10 天造墒整地。

三是由于天鹰椒种子小,顶土能力差,因此整地要细,无明暗坷垃,镇压要实。

四是天鹰椒播种平均行距 30 厘米,播种深度 1.5 厘米左右,不可过深,播后适当镇压并盖地膜保墒增温。

五是播种天鹰椒地块应准备少量秧苗,以备补苗,防止田间缺苗断垄。

六是播完后注意壅土压膜,严防大风揭膜。

七是秧苗出土后,从第一片真叶长出即可选无风的晴天放苗,一般 4～5 厘米一穴。放苗时间选择下午进行,放苗时将地膜扎个洞,将苗引出后用土把地膜上的放苗口埋严。

八是幼苗具 4～5 片真叶定苗,苗距 10 厘米左右,其他管理与天鹰椒育苗相同。

98. 如何确定天鹰椒秧苗的移栽时间？

天鹰椒属喜温作物，对温度条件要求较高。采用地膜覆盖栽培的，一般在当地晚霜过后即可移栽；裸地栽培的，则应在当地10厘米地温稳定在15℃以上移栽。对于过于柔嫩弱小的秧苗，应适当晚栽，并适当增加栽培密度。若秧苗过小、移栽过晚，则可能因生育期的不足而导致晚熟，田间绿果过多，从而影响到果实的商品性及收入。

99. 为什么栽苗前要先造墒？

生产中为了方便省事，有的采取干地栽苗后再浇水，或浇水后立即插苗，类似于水稻插秧的方法，这是极不科学的。其一，移栽时秧苗大量伤根，栽于干土中，秧苗内的水分会出现倒流，缓苗慢、死亡率高；其二，栽苗后或移栽前大量灌水，会造成土壤温度的大幅度下降，土壤含氧量减少，并导致土壤板结。低温缺氧的土壤环境不利于幼苗根系恢复生长，不利于缓苗，甚至可造成大量死苗。因此，栽苗前10～15天造墒、施肥、整地，可以使土壤温度在栽前得以回升，土壤疏松透气性好，有利于秧苗移栽后根系快速恢复生长。因底墒充足，栽苗后采取浇穴或浇小水的方法，可有效预防灌大水对土壤环境造成的不良影响，为幼苗提供较为有利的温度、氧气环境，缩短缓苗期，加快秧苗恢复生长。

100. 整地时施多少基肥为宜？

由于天鹰椒多与大田作物轮作，土壤有机质含量一般较低。而天鹰椒根量少、入土浅，需要疏松、肥沃的土壤环境。有机肥含有多种营养物质，为全价肥料，并且能有效改善土壤的理化性状,使土壤保持良好的通透性及供肥、供水能力,对培育天鹰椒植株的强壮根系是非常有利的。

一般每667平方米施厩肥或堆肥不应少于5立方米,有机肥要充分腐熟,不可施用未经腐熟的生粪,充分腐熟的鸡粪、牲畜粪也是上好的有机肥料。按每667平方米产300千克天鹰椒计算,需施用过磷酸钙50千克,硫酸钾12千克,尿素10~15千克做基肥。另外,还需施用25~30千克尿素做追肥。

101. 如何计算农作物的施肥量?

$$施肥量 = \frac{作物携出养分量 - 土壤可供养分量}{肥料养分含量 \times 所施肥料养分利用率}$$

作物携出养分量=单位面积计划产量×单位产量辣椒的养分吸收量

土壤供氮量(每667平方米)=土壤碱解氮(毫克/千克)×0.072

土壤供磷量=土壤速效磷(毫克/千克)×0.06

土壤供钾量=土壤速效钾(毫克/千克)×0.12

旱地肥料的养分利用率:氮素化肥为20%~30%;磷素化肥为15%~20%;钾素化肥为30%~40%;腐熟人粪尿、鸡粪为20%~40%;猪厩肥为15%~30%。

每667平方米产100千克天鹰椒干椒需吸收氮7.16千克,五氧化二磷1.49千克,氧化钾6.93千克,主要有机肥料三要素含量见表2。

表 2 　主要有机肥料三要素含量

肥料种类	N(%)	P_2O_5(%)	K_2O(%)
猪　粪	0.60	0.40	0.14
猪厩肥	0.45	0.21	0.52
牛厩肥	0.38	0.18	0.45
牛　粪	0.32	0.21	0.16
羊　粪	0.65	0.47	0.23
人粪尿	0.65	0.30	0.25
鸡　粪	1.63	1.54	0.85
大豆饼	6.30	0.92	0.12
花生饼	6.39	1.10	1.90
芝麻饼	6.00	0.64	1.20
菜籽饼	4.98	2.65	0.97
棉籽饼	4.10	2.50	0.90
玉米秸	0.48	0.38	0.64
小麦秸	0.48	0.22	0.63
稻　草	0.63	0.11	0.85
玉米秸堆肥	1.72	1.10	1.16
麦秸堆肥	0.88	0.72	1.32
草木灰	—	2.00	4.00

注:厩肥指以上人、畜粪便与土或作物秸秆共同堆制的肥料

102. 天鹰椒可否施用生物肥料?

近几年,磷细菌、钾细菌等生物肥料得到了较快的推广。它们是一种具有生命活力的肥料。生物肥料的作用机理是:生物肥料能将土壤中难溶性的或矿物态的磷、钾等营养元素转化成水溶性的磷、钾,有的具有固氮功能,只有水溶性元素

才能被植物的根系吸收,发挥肥效。这些生物体在繁殖的过程中除了能使土壤中的非水溶性元素分解外,它们自身的代谢产物中还含有一定量的激素及抗生素类物质,能够刺激作物的生长,提高作物的抗病、抗逆能力。

生物肥料用量少、投资小,投入产出比大,增产效果明显。其常用的施肥方法有拌种、蘸根、穴施等,使用方法简单方便。

103. 种植天鹰椒可选用的除草剂有哪些?

化学除草剂是一类特殊的制剂,其适用作物及杀草范围有很强的选择性,使用时应严格选择,防止错用或误用造成危害。

氟乐灵是一种芽前除草剂,杂草长出后效果很差,对一年生禾本科杂草,如马唐、狗尾草等,防效在 95% 以上,对阔叶杂草防治效果较差。移栽田在移栽苗前,直播田在播种前进行土壤处理,每 667 平方米用 48% 氟乐灵 200 毫升,对水 50升,均匀喷洒地表,不能漏喷、重喷,喷后立即浅耙地,使药、土充分混合,在地表形成 1 层均匀的药膜,然后覆盖地膜。对未喷除草剂的地块,生长期间发生草害的,每 667 平方米用20% 拿扑净乳油 80 毫升,对水 50 升喷雾,对一年生禾本科草有较好的防效,对天鹰椒安全性好。一般杂草受药后 3 天停止生长,7 天叶片褪色,2～3 周内全株枯死,喷后遇雨基本上不影响药效。

需要注意的是,喷过除草剂的药械必须用热碱水反复清洗,以防残存药剂对其他作物造成危害。

104. 地膜覆盖在天鹰椒生产中有什么作用?

天鹰椒地膜覆盖栽培在冀州市已大面积推广,效果明显,主要表现在以下几个方面。

一是能明显提高地温,早春地温增幅在 3℃～5℃,有效地解决了春季地温回升滞后的问题,使地温回升与气温同步,有利于幼苗根系的早期发育,培育强大的根系,表现为缓苗快,秧苗发育早,这在生产上可与露地移栽的秧苗形成鲜明的对比。

二是保墒效果好,有一定的节水抗旱作用。地膜覆盖后有效地阻断了土壤水分蒸发,每 667 平方米生育期比裸地栽培可节水 50～80 立方米。

三是有利于保护土壤结构,保持土壤疏松,减轻浇水、降水对土壤的冲击。

四是便于排灌。由于地膜的隔离,使田间浇水速度快,省水 30％～40％,雨后排水速度快,减轻雨涝灾害。

五是增产增收效果明显。地膜覆盖有效地促进了幼苗的早期发育,使天鹰椒的生育进程提早,开花结果早,产品质量高,一般增产效果在 15％～20％。

105. 地膜覆盖栽培的天鹰椒是否需要进行中耕?

俗话说"锄下有水、锄下有火"就是指中耕后能提高地表温度、减少土壤水分的蒸发。

进行地膜覆盖栽培后,由于地膜对土壤的密闭作用,使土壤与空气隔离开来,膜下形成了另一种相对独立的土壤环境,较高的土壤温度有利于根系的呼吸、吸收作用及土壤微生物的活动,需要充足的土壤氧气供给。一般地膜覆盖的田间覆盖率在 60％以上,未覆盖地膜的区域是土壤氧气交换的主要途径之一。浇水后土壤泥泞,透气性变差,不利于土壤实现气体交换,故在浇水后土壤板结前,对未覆膜区及时中耕是非常必要的。一般可在膜外进行 10～15 厘米的深中耕,以保持土壤良好的气、热环境,保障根系的旺盛代谢。

106. 半高垄栽培在天鹰椒生产中有什么意义?

天鹰椒为浅根作物,主要根系分布在 15～20 厘米的土层内。半高垄栽培一是增厚了熟土层,有利于培育强大的根系;二是排灌方便,沟浇沟排有利于保持根际土壤的疏松透气性,使根系维持良好的吸收代谢功能;三是土壤增温效果好,比平畦栽培 5 厘米地温可提高 1℃～2℃,配合地膜覆盖,效果更好,可为幼苗移栽后根系的生长提供良好的土壤温、气、水、肥环境。

需要注意的是,华北地区属半干旱地区,年降水量较少,一般起垄高度 10 厘米左右,不可过高,垄宽 50 厘米,垄间距 30 厘米(图 13)。而降水量大的地区应进行高垄或高畦栽培。

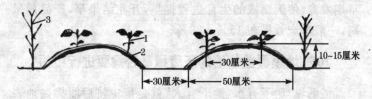

图 13 起垄覆膜栽培示意图
1. 天鹰椒 2. 地膜 3. 间作物

107. 天鹰椒的适宜栽培密度是多少?

作物的栽培密度是指作物在田间分布的密集程度,一般以每 667 平方米土地上的株数表示。天鹰椒株型紧凑,不易徒长,适于密植。合理密植可使天鹰椒田间封垄时间提早,减轻夏季高温强光对天鹰椒生长的不利影响,降低病毒病、日烧病的发病率。另外,合理密植也是获得高产的技术措施。据试验,在中等以上肥力地块(土壤有机质含量 1.14％,速效氮60 毫克/千克,速效磷 15.7 毫克/千克,速效钾 120 毫克/千克),以每 667 平方米栽 2.2 万株产量最高,比栽 1.2 万株增产 40％。薄地适当增大密度,高水肥地块栽植密度可适当缩小。

不同地区的土壤质地与肥力有很大的区别,栽培习惯也不尽相同,应通过试验验证适宜栽培密度。

108. 天鹰椒是否适于卧栽?

卧栽是番茄生产中常用的栽培方法,因其茎部再生不定根的能力强,徒长苗卧栽可降低植株高度,促生不定根,增加根系总量。但天鹰椒、茄子茎部不定根发生能力很弱,卧栽苗一旦遭遇连阴雨天气,入土茎部在潮湿土壤中,会增加感染枯萎病、疫病等土传病害的机会。所以,笔者认为天鹰椒不适于卧栽,也不适于深栽,即使是徒长苗也是如此,栽植深度以不埋没子叶节为宜。

109. 为什么要提倡护根移栽?

完整的根系、良好的土壤环境是秧苗移栽后恢复生长的基础。若移苗时大量伤根,移栽后秧苗必须首先利用秧苗自身贮存的营养物质修复损伤的根系,重发新根,完善其吸收器官后,才能从土壤中吸收水分、养分,供秧苗进行光合作用。生产中伤根多的秧苗没出现萎蔫是因为土壤水分充足且移栽时秧苗带有少量的根系,可吸收少量的水分,供应秧苗,虽没出现萎蔫症状,但其生长已经停滞,只有在作为吸收器官的根系重新完善后才能恢复吸收功能,秧苗才能生长。采用穴盘育苗、移栽前切垡等措施,可有效地减少移栽时的大量伤根问题,使秧苗移栽后根系恢复期大大缩短,秧苗恢复生长快。

110. 天鹰椒移栽时应注意什么?

整好地后,及时起垄铺膜,垄高 10 厘米左右,垄宽 50 厘米,垄间距 30 厘米,垄上土壤稍平或整成弧形,选 70 厘米宽的地膜覆盖,保墒增温。当地晚霜过后,裸地 10 厘米地温稳定在 12℃以上即可栽苗。定植时先按行株距打孔,孔深 7～8 厘米,垄上栽 2 行,行距 30～35 厘米。将苗放入定植穴内,穴内浇水,水渗完后埋土,将栽苗穴口用土封严,并压住地膜。栽苗深度以不埋没子叶节为度。另外,栽苗时大小苗要分开,剔除病弱苗、老化苗。移栽前 2 天喷 1 遍多菌灵与吡虫啉混合液,防止苗床病虫害带入大田。由于土壤底墒充足,苗穴内又浇了水,栽后缓苗较快,可根据天气状况及苗情浇缓苗水。

111. 什么叫缓苗?

缓苗是指秧苗移栽后,经过自身修复移栽造成的各种创伤至恢复生长的过程。秧苗移栽时,土壤环境发生了改变,加上移栽时秧苗根系受到了不同程度的损伤,移栽后秧苗需要一段时间才能恢复生长,首先要修复受损的根系,恢复根系吸收水分、养分的能力,满足秧苗对水分、养分的需求后,幼苗才能开始新的生长。移栽后到秧苗恢复生长前这一段时间叫缓苗期。缓苗期结束是以幼苗长出新叶片为标志的,即秧苗新叶长出标志着秧苗的缓苗期已过,开始了新的生长阶段。缓苗期的长短与移栽时伤根多少,土壤温度高低,土壤水分、氧气的供应状况密切相关,伤根少,土壤温度适宜,土壤水分、氧气充足的情况下,缓苗就快,相反则缓苗慢,缓苗期长。

112. 为什么天鹰椒移栽后要"促"?

天鹰椒是开花坐果期相对集中的作物,主花期 20～25 天,其产量的高低取决于头茬花的数量、花器素质的高低以及开花期的早晚、坐果率的高低。培育大量高素质的花器,并使田间开花结果期提早,有助于提高坐果率,降低落花率,获得较高的产量。若秧苗缓苗慢、发育迟、封垄晚、开花结果晚,则会对经济产量的形成造成不利影响。如盛花期处在雨季,对开花坐果是非常不利的。若花期再晚,则果实不能正常成熟。所以,生产上要采取"促"的管理措施,就是在移栽后采取一系列促进秧苗生长发育的措施,为植株的生长发育提供适宜的温度、水分、氧气等土壤条件,促进其缓苗,缩短缓苗期;缓苗后对垄间深锄 2～3 次,改善土壤通气状况,促进根系下扎。经常保持土壤湿润,打顶后适量追肥,促进秧苗早发、早封垄、早开花结果,创造有利于丰产的基础条件。实际生产中,天鹰椒不易疯长的特性也为我们进行"促"的管理提供了可能。

七、田间管理

113. 为什么壮苗要先壮根？

根系的主要作用一是固定、支撑植株，二是从土壤中吸收矿质元素及水分。除叶面喷肥及二氧化碳主要是由叶部吸收外，植物进行光合作用吸收的各类营养物质都是由根系从土壤中吸收的。根系的重要性可见一斑。农业生产中，为根系的发育提供优越的水、肥、气、热、营养等土壤环境，培育强壮的根系是取得高产的基础。

根系的生长发育速度在幼苗期最快，以后随着地上部生长速度的加快，根系生长速度逐渐变慢，至开花结果期根系的生长基本停滞。所以，根系的早衰都是在作物生长的中后期，根系的培育必须在开花结果前完成，而苗期又是最重要的时期。农谚说"根深叶茂、叶茂根深"，表明植株地上部的生长是与地下部相协调的，如果地下根系发育不好，那么地上部植株就表现出生长缓慢。在天鹰椒生产上，除增施有机肥促进土壤团粒结构形成、经常保持适宜的土壤含水量外，灌水及降水后，应及时中耕破除土壤板结，对改善土壤的透气性很有效。在生产上进行畦灌、沟灌，发展喷灌、滴灌等现代灌溉设施，摈弃传统的漫灌方法，有利于保护土壤结构。

114. 天鹰椒打顶有什么好处？

通过连续多年的生产调查发现，在天鹰椒的产量构成中，93％以上的产量是由分枝形成的，主茎形成的产量仅占总产量的 7% 以下,且主茎形成的少量果实,由于成熟早、采摘不及时会褪色,遇到夏季连阴雨天气还有可能腐烂变质。这是提出天鹰椒打顶的依据。植株打顶后,人为改变了植株的营养流向及生长中心,减少了主茎结果对营养的消耗,为培育强壮的根系,促进侧枝的发育,提供了充足的营养基础。侧枝强壮,花器素质就高,这就创造了有利于高产的基础条件。据冀州市的经验,在 5 月下旬到 6 月上旬,植株有 12~14 片叶时应及时打顶。打顶后结合浇水,追施少量速效氮肥,满足侧枝快速生长发育的水肥需求。如果移栽苗龄较大,打顶时间则相应提前。

115. 天鹰椒是否需要整枝?

天鹰椒植株一般有侧枝 6~8 个,不结果或结果少的侧枝 1~2 个,生长发育早的侧枝得到的营养物质充足,长得较为粗壮,花器发育好,花量大,结果多;发育晚的侧枝,在植株营养竞争中处于劣势,得到的营养物质少,发育状况差,花器素质差,结果率低,结果少。2003 年就天鹰椒是否整枝问题笔者进行了小面积的试验,结果表明:天鹰椒进行整枝后产量比未整枝的略有提高,但未达到统计学上的显著水平,这就是说天鹰椒整枝与增加产量没有必然的联系,加上天鹰椒的栽培密度较大,整枝用工量较大。故笔者认为天鹰椒没有必要整枝。

116. 天鹰椒田间水分管理的原则是什么?

天鹰椒根系弱、分布浅、耗水量中等。封垄前因土壤蒸发量大,应 7~10 天浇 1 次水,封垄后 10~15 天浇 1 次水;地膜覆盖栽培的,田间土壤水分蒸发大大减少,可视植株生长情况浇水,一般应在植株出现轻度缺水症状时及时浇水。浇水的原则是"浇旱头,不浇旱尾",应经常保持耕层土壤有适宜的含水量,防止旱象的发生。充足的水分供给是秧苗正常生长发育的保证,田间一旦出现旱情,轻者抑制植株的生长发育及正常的开花结果,增加花果的脱落率,重者可造成叶、花、果的大量脱落,给生产造成不可弥补的损失。每次灌水量宜小,适宜进行喷灌、畦灌、微滴灌。夏季浇水宜在一早一晚进行,避开中午的高温,防止因浇水造成地温降幅过大而引起副作用。进入雨季,浇水要注意天气预报,不可在雨前2～3天浇水,也要防止浇水后遇大雨。秋季进入果实成熟期,根系吸收能力下降,可适当减少灌水量及灌水次数,但也不可使田间过度干旱,以防植株早衰,影响到果实的饱满度。

117. 天鹰椒怕涝,生产中如何预防?

天鹰椒根系分布浅、好气性强,具有一定的耐旱性,怕田间积水。田间积水数小时就会因根系缺氧造成根系死亡、植株萎蔫,严重的成片死亡,轻的可造成大量的落叶、落花、落果,部分地块因疫病病原菌的继发性侵染,致使疫病流行,大量死苗。

因积水对天鹰椒生产带来的是毁灭性灾害,生产中应采取措施,积极预防。一是实行半高垄地膜覆盖栽培,便于田间排涝;二是遇大雨要随下随排,做到雨停田间无积水;三是选中壤土、轻壤土种植,尽量不选黏重土壤;四是雨季浇水一定要注意天气变化,防止浇水后遇大雨。

118. 天鹰椒雨季生产管理应注意什么?

天鹰椒的根系喜湿怕涝,雨季一旦形成涝灾,会造成植株根系的严重缺氧,导致根系窒息死亡,最终导致植株成片死亡,严重的可致绝产。在生产上除北方少雨地区采用小高垄(垄高 10～15 厘米)栽培、南方多雨地区采用高垄或高畦(高 20～30 厘米)栽培这种预防性措施外,做好雨后的排涝工作应是雨季管理的重点。雨季浇水一定要注意当地的气象预报,避免浇水后遇大雨造成涝灾;雨季浇水每次的浇水量宜小,起到补充土壤水分的作用即可,而不是浇足、浇透,这一点应与其他季节的田间灌溉区别开来;雨季的浇水时间应在一天中的一早一晚进行,不宜在中午前后土壤温度最高时进行,那样会造成土壤温度的大幅度下降,降低根系的呼吸强度,使根系对水分、养分的吸收能力下降,严重的可引起植株"打蔫",叶片萎蔫下垂,造成花、果器官的脱落。我国多数地区雨、热同步,雨季也正是一年中温度最高的季节,因此做好以防涝为中心的安全度夏工作,是雨季天鹰椒管理的重点。

119. 如何克服天鹰椒田间绿果过多的现象?

天鹰椒是以收获红果为主的作物,绿果的商品价值及市场价格大为降低。目前生产中收获的是一级副侧枝上的果实,多能正常红熟;一级副侧枝上再抽生侧枝,叫二级副侧枝,因其抽生晚、积温不足,90%以上的果实不能正常红熟。天鹰椒植株叶腋萌发侧枝的能力很强,如一级副侧枝出现花果的大量脱落,造成植株营养过剩,就会促进二级副侧枝的生长,形成二级副侧枝。故生产上应创造有利于天鹰椒生长的条件,力保一级副侧枝上的花、果,防止抽生二级副侧枝是防止田间绿果过多的基本方法。

120. 引起天鹰椒"三落"的原因有哪些？

天鹰椒"三落"指的是植株的落叶、落花和落果现象。"三落"是对天鹰椒产量影响最大的生产问题之一。在外部环境不适宜或环境条件恶劣时，天鹰椒植株的叶、花、果就会大量脱落，这应该是对植物本身有利的一种自我保护反应，待外部环境条件适宜时重新萌发侧枝，生长开花，但在生产上造成的是严重减产，甚至绝收。因此，从生产角度来看，这应该是一种遗传缺陷。一般情况下，植株大量落叶后，光合能力急剧下降，即可引发落蕾、落花和落果。

引起天鹰椒"三落"的原因很多，根据笔者调查，常见的原因可归纳为以下几类。

一是生理性脱落。这类脱落是植株生理代谢失调引起的。在气候条件正常的情况下，落花、落蕾的主要原因是植株营养不良，尤其是氮素不足或过多，影响植株的正常生长或营养分配，而导致脱落。春季早期落花、落蕾的主要原因是低温干旱，盛花期的落花、落果除自身营养水平外，高温干旱、雨涝、暴雨骤晴，都可能造成大量的落花、落果，甚至落叶，造成严重减产。

二是病理性脱落。生产上炭疽病引起的落叶是病理性落叶的主要类型，如落叶严重，可引发大量的落花、落果。

三是药源性脱落。天鹰椒对药害抵抗能力较小。由于田间施药不当引起的脱落也是比较多的。药液浓度过高，或喷施天鹰椒敏感的药剂如敌敌畏、辛硫磷等，都可造成叶、花、果实的直接药害，引起相应的器官脱落。近几年，玉米除草剂对相邻天鹰椒田块的药害有增加的趋势，这一点应引起重视。

四是虫害引起的脱落。红蜘蛛为害严重时可直接引起叶片的脱落,棉铃虫等钻蛀性害虫钻蛀的蕾、花、果也会直接脱落。

121. 生产上如何预防天鹰椒"三落"现象？

对于发生的轻度脱落,尚可以积极查找原因,对症治疗,而一旦发生严重脱落,造成的损失往往是无法弥补的。因此,生产上应该采取积极的预防性措施,防止"三落"的发生。培育壮苗、半高垄地膜栽培、增施有机肥、平衡施肥、积极预防旱涝灾害、科学预防病虫危害、选择安全高效的农药品种及正确的施药方法,是预防"三落"现象发生的基本措施。

122. 预防天鹰椒落花、落果的药剂有哪些？

天鹰椒的花芽分化早在苗期就开始进行了,植株的营养水平及土壤水分、温度、光照等条件都会影响到花器的形成及花器的素质。植株营养水平低、生长不良、徒长、旱涝、高温、光照不足等不良环境条件下分化的花器脱落率就高。生产上可在盛花期用 20 毫克/升防落素喷花 1～2 次,6～7 天喷 1 次,具有良好的防落花作用。

这里说的"喷花"是指将药剂喷到花上,不能喷到叶上,否则会有副作用。其增产效果的高低是以良好的田间管理及植株营养状况为基础的,如田间出现旱涝不均、缺肥或水肥过多、严重落叶等情况,即使喷施防落素,也难以收到理想的效果。所以说良好的田间管理是获得高产的前提,防落素只能起到辅助作用。此外,赤霉素、萘乙酸在花期使用也有促进坐果及果实发育的作用。因它们都是植物激素,使用时一定要严格掌握药剂浓度,要先少量试验,成功后再推广使用,防止发生毒副作用。

123. 如何确定正确的喷药方法？

首先,应根据药剂种类及防治目的,采取不同的喷药方法,以提高施药效果。

采用手动喷雾器喷药,因其压力低、雾滴大,必须有足够量的药液并均匀喷洒,才能起到应有的效果,一般每 667 平方米用药液量不应少于 50 升,苗期酌减。

采用机动喷雾器喷药,因其雾滴细,加上有风力传送雾滴,植株各部位着药较手动喷雾器更为均匀,针对防治目的的不同,将喷头略微抬高或压低即可,防治效果优于手动喷雾器,但要严格控制药液浓度,防止药液浓度过高产生药害。

其次,应针对病、虫危害特点用药。蚜虫、红蜘蛛、炭疽病等病虫害,是从叶背面侵染或集中于叶背面取食危害,喷药时应重点喷中下部叶的背面,喷匀喷透。棉铃虫、甜菜夜蛾、玉米螟、茶黄螨等主要为害嫩尖、蕾、花、果等器官,喷药时应以这些部位为重点,喷头由上向下喷。疫病、枯萎病是土传病害,发病时多呈现全株性症状,需将药液喷到茎上,并让药液顺茎流入土壤,故用药液量要适当加大或直接将药液灌入根部,以发挥药剂的作用。

124. 天鹰椒进行叶面喷肥应注意什么？

叶面喷肥具有投资小、吸收快、肥料利用率高、经济实用等优点。叶面吸收养料一般是从角质层和气孔进入,最后经过质膜而进入细胞内部。叶面对肥料的吸收是被动吸收。作物叶片背面气孔多于叶片正面,其角质层也相对较薄,肥料易于渗透。作物生长后期根系吸收能力减弱,叶面喷肥能及时弥补根系吸收养料的不足。喷洒叶面肥的时间应选在上午田间露水已干或下午 16～17 时之后,以延长溶液在叶面的持续时间。喷洒叶面肥时从下向上喷,喷在叶背面,以利于其吸收,提高施肥效果,每 667 平方米喷施液体量不应少于 40 升,并尽量单喷。

首先,应正确选择、使用叶面肥,在使用时期、使用浓度及使用次数上,一定要按产品使用说明书使用,防止因使用不当产生毒副作用。其次,喷施叶面肥应有明确的目的性,如植株出现缺肥症状,通过叶面喷肥可迅速改善植株的缺肥症状,防止缺肥症状的进一步加剧;盛花期过后进入果实发育盛期,此时是天鹰椒一生中需肥量最大的时期,此期除适量地面追肥外,进行叶面喷肥多能收到良好的效果。

需要注意的是,叶面肥只是对田间正常施肥的一种补充,因其使用量很小,不可能代替正常的土壤施肥,因此不能把叶面喷肥的作用与田间施肥管理的作用等同看待。

125. 如何正确选择叶面肥?

目前市场上的叶面肥料种类很多,大体上可分为植物生长调节剂类、无机盐类、稀土类、腐殖酸类等几大类。植物生长调节剂具有促进或抑制作物生长或发育的作用,一般极低的用量就能起到明显的作用,使用时要根据使用目的,严格选择使用品种、使用时间及使用浓度,而在无公害生产中尽量不用或少用。无机盐类叶面肥一般含有 1 种或多种植物必需的无机矿质元素(包括大量元素和微量元素),能直接起到叶面补肥的作用,生产上叶面喷肥应优先考虑。这类肥料要根据当地的土壤肥力特点使用,注意使用前先用少量水将其溶化,残渣不能倒入喷雾器内,以防造成药害,并严格控制使用浓度及使用次数,尽量避开盛花期及上午喷施。稀土类肥料虽不是农作物必需的肥料种类,但在某些作物上施用后表现明显的增产效果,使用时要注意其适用范围及用量、使用次数。腐殖酸类叶面肥既含有大量的有机质,同时又含有一些速效养分,是一种优良的有机—无机复合肥料,生产中可以选择使用。此外,尿素、磷酸二氢钾也常被用作叶面肥使用,质优价廉,使用时间一般在果实发育盛期,使用浓度不超过1%。

126. 农药混用的原则是什么?

合理正确地进行农药混用,可提高药剂的防治效果,扩大农药的防治范围,延长农药使用间隔期,降低劳动强度及用药成本。但农药品种有数百种,哪些农药混用能取得这样的效果呢?

一般混合后不发生不良物理和化学变化的药剂均可混合使用;遇酸或遇碱分解的药剂不能混用,混用后产生化学变化引起植物药害的不能混用,混用后产生乳剂或结絮、沉淀的药剂不能混用,这是基本的农药混用原则。

常见的混用方式:杀菌剂与杀虫剂混用来兼治病虫害,触杀药剂与内吸药剂、胃毒药剂混用,保护药剂与治疗药剂混用,长效药剂与短效药剂混用等。由于目前市售农药产品中复配制剂占有很大的比例,在进行农药混用时要先弄清楚各药剂的基础药剂种类,确定能否混用。单剂农药混用前先要认真阅读使用说明,明确混用目的,没用过的药剂最好先进行小面积试验,明确混用效果后再使用。

127. 对于天鹰椒田间常见药害有哪些预防措施?

天鹰椒植株的耐药性较差,属易产生药害的作物。根据药害发生快慢可将药害分为急性药害和慢性药害。急性药害一般在施药后几小时至几天内出现,症状明显,危害大;慢性药害要经较长时间才表现出来,可造成植株生长发育迟缓,延迟结果,结果减少等。药害发生愈晚,对产量的影响愈大。据笔者观察,6月下旬出现的严重药害可造成天鹰椒减产30%以上。

据田间调查,玉米除草剂药害多发生在与夏玉米相邻的地块。天鹰椒对玉米除草剂敏感,夏玉米播种后喷施除草剂时,相邻地块的天鹰椒一旦着药,数天内将会造成叶片变黄、焦枯,严重时会大量落叶、落花。因此,生产上喷洒除草剂时一定要注意对相邻地块可能造成的危害,避免引起不必要的纠纷。另外,在防治病虫害时因选用药剂种类不当、药液浓度过高或药剂混用不合理,可引起烧叶、烧花并引发相应的器官脱落。因此,在病虫害防治上一是要严格选择药剂种类,高毒、高残留农药以及容易产生药害的农药种类,如敌敌畏、辛硫磷等坚决不用;二是掌握药剂混用原则,混用农药一般不超过3种单剂,现在市售农药的复配制剂很多,使用时一定要注意其有效成分,防止因混用不当造成药效降低或药害;三是准确称量用药量,严格控制药剂使用浓度,不得随意加大;四是避开中午高温时间用药。

128. 天鹰椒出现药害后如何补救?

对出现药害的地块要积极查找原因并及时采取补救措施。药害轻的,可叶面喷施低浓度的腐殖酸类叶面肥与爱多收或云大120等植物生长调节剂的混合液1~2次,并及时浇水追肥,改善植株的水分及营养环境,促进植株尽快恢复生长。此时,一般不喷无机盐类叶面肥,以防加重药害程度,浇水时追肥量也不宜过大。对于药害发生严重及药害发生时间偏晚的地块,应根据具体情况,或补救或毁种,不可等待观望,贻误农时。

冀州市一般在 6 月上中旬以前发生的轻度药害,通过及时科学的管理,多能较快恢复长势并获得较好的产量及收益,而 6 月下旬以后,特别是盛花期发生药害后,往往会造成大量的落叶、落花,即使能恢复生长,也难以获得理想的产量。

129. 雹灾后的天鹰椒如何管理?

天鹰椒植株开花前茎秆木质化程度较低,柔韧性好,同等强度雹灾受灾程度要比棉花、玉米等作物轻,同时它又是靠分枝结果的作物,其叶腋萌生侧枝的能力很强,在生长前期(现蕾以前)受轻度雹灾后,主茎折断或部分分枝折断、叶片残损,只要保留 5~6 节完整的主茎(主茎表皮及芽眼完好),通过加强管理,促进侧枝生长发育,一般能获得较高产量。开花后植株木质化程度提高,抗灾能力明显下降,同时面临生长期不足的问题,即使恢复生长也没有足够的时间使果实充分发育、成熟,所以开花后发生的雹灾对天鹰椒具有毁灭性。

轻度雹灾发生后要加强田间管理。一是及时排除田间积水,没积水的及时浅锄,破除地表板结,改善土壤透气性,提高地温,防止根系缺氧窒息,促进根系恢复吸收功能。二是喷施有机叶面肥料与云大 120 等植物生长促进剂的混合液 1~2次,弥补雹灾后因根系吸收障碍造成的植株营养匮乏,改善植株营养状况,促进植株恢复生长。三是植株长势一旦恢复,要加强水肥管理,创造优越的土壤环境,促进开花结果及果实的发育,把雹灾造成的负面影响降到最低。

130. 大雨或暴雨后用井水浇地是怎么回事？

大雨是指 12 小时内降水 15～29.9 毫米或 24 小时内降水 25～49.9 毫米的天气，暴雨是指 12 小时内降水 30～69.9 毫米或 24 小时内降水 50～99.9 毫米的天气。我国华北平原的夏季降水多以大雨或暴雨的形式出现，由于华北地区夏季气温高，降水的过程中雨水会从空气中吸收大量的热量，降到地面时温度较高，故称为热雨。大雨或暴雨后土壤中的氧气会被水分大量挤出，土壤含氧量大幅度下降；同时，由于热雨的原因，土壤温度又较高，这样就会促进根系无氧呼吸的加剧，造成根系代谢障碍，严重者会引起根系酸中毒，甚至死亡。天鹰椒的根系对缺氧环境敏感，这是我们强调大雨后及时排水的原因。

大雨或暴雨后用井水灌溉，随灌随排，就是常说的"涝浇园"，其作用一是利用井水温度低的特点，来降低土壤温度，同时依次降低根系的呼吸强度；二是用井水中的氧气补充土壤中氧气的不足，以此减轻根系的无氧呼吸，维护根系的正常代谢。

"涝浇园"适于降水量不太大的阵性降水，如降水量很大，田间已出现积水，土壤泥泞，则最好不浇。重壤土及比较黏重的土壤，持水能力强，也不适于"涝浇园"。如果继续灌井水，除能使地温有所下降外，还会进一步增加土壤水分，减少土壤的含氧量，更不利于根系正常代谢的恢复。中壤土、轻壤土及沙壤土因其自身持水能力相对较差，土壤通透性好，雨后用井水浇灌一般会取得较好的效果。

131. 天鹰椒易落花,花期施药有什么禁忌?

天鹰椒的花量很大,在植株生长强健、花期气候条件及管理水平都较好的情况下,植株的平均落花率也超过 40%。除旱涝、病虫危害等较大的灾害外,田间操作,特别是喷洒农药对植株的开花坐果及果实发育也有很大的影响。天鹰椒病虫害种类较多,个别年份危害严重,棉铃虫、甜菜夜蛾的主要为害期又在花果期,施药是必不可少的防治措施。天鹰椒的花多数是在上午 7~8 时开放,在开放后 1~2 小时内完成授粉过程,这时喷洒药剂及降水,会对当天的开花结果进程产生不利的影响。因此,盛花期喷洒药剂及叶面肥应尽量避开上午及中午的高温期,最好在傍晚进行,以减轻其对结果的不利影响。施药种类要选择高效低毒农药,严格控制药液浓度,适当减少喷药次数。

132. 天鹰椒何时进行追肥?

追肥是农业生产中重要的施肥方法之一,磷肥在土壤中移动性差,一般进行一次性底施;氮、钾肥料在土壤中移动性强,可随土壤中水的移动而移动,这 2 种肥料可考虑进行追施。因天鹰椒的花果期是其一生中需肥量最大的时期,保证此期的营养供给,促进果实的生长发育,才能获得高产。生产中可按全生育期需求量,将氮肥、钾肥 1/3 底施、2/3 追施(钾肥也可一次性底施)。氮肥的追肥时间一是在打顶后少量追施,每 667 平方米施尿素 5~6 千克,其余的在盛花期过后全部施入。此期追肥时田间已经封垄,沟施会大量伤花、伤根,最好先将肥料用少量水溶化,随水冲施。

133. 天鹰椒是否需要培土？

培土是农业生产中一项重要的措施，是防止杂草生长、防止倒伏的有效手段，无论平畦栽培还是起垄栽培，因天鹰椒植株矮小，单株重量小，倒伏率都很低。冀州市十几年的生产中尚未发现大面积倒伏的现象。因此，天鹰椒生产上培土在排灌方面意义更大一些。从生产角度而言，平畦栽培的天鹰椒适当培土有利于田间排灌，对高垄地膜覆盖地块就没有实际意义了。如打算培土，应利用大行进行隔行取土，培土要早，防止后期培土造成大量伤根。另外，培土、取土都不要过深。

134. 地膜覆盖栽培的天鹰椒是否需要破膜？

地膜覆盖的主要作用是增温、保墒、改善土壤理化性状与土壤环境、改善近地面光照效应等。田间封垄后，地膜的增温作用已接近于零，这时地膜覆盖的主要作用是保墒及保护土壤结构等。在我国北方，年降水量小，且集中在7~8月份，春旱、秋旱常见，伏旱发生频率也很高，夏季降水多以中到大雨，甚至暴雨的形式出现。因此从防旱、防涝来考虑，夏季破膜应是弊大利小，应提倡地膜全程覆盖。

135. 天鹰椒能否机械移栽？

目前冀州市田间直接播种的天鹰椒基本上都实现了机播，用的是冀州市自行改制的播种机，播种覆膜一次完成，工作效率为每小时1 334平方米。针对冀州市天鹰椒移栽面积大的情况，冀州市也引进了天鹰椒栽苗机械，工作效率是每小时667平方米，比人工栽苗工效提高30倍，大大减轻了劳动强度，提高了栽苗速度。机械栽苗对育苗质量要求较高，要用穴盘育苗,适于种植大户及农场使用。

136. 地膜覆盖栽培的天鹰椒缓苗慢是怎么回事,如何补救?

有的地膜覆盖栽培的天鹰椒地块缓苗很慢,甚至比同期裸地栽培的地块缓苗还慢,秧苗细小、瘦弱、叶色暗淡。造成这种状况的主要原因是地膜覆盖栽培的天鹰椒地块,在秧苗移栽前后浇水量过大,致使土壤含水量过高,土壤氧气含量不足,从而影响了根系生长发育,表现为缓苗慢、不发苗。而裸地栽培天鹰椒地块,一般会进行锄划,土壤水、气、热条件较好,故这种情况很少出现。解决天鹰椒缓苗慢的根本方法是移栽前提前造墒整地,移栽后浇小水;田间一旦出现缓苗慢的情况,要及时在靠近地膜边缘深锄 2~3 次,锄深 5~6 厘米,改善土壤的透气性,促进根系的生长及地下吸收系统的发育。土壤黏重、含水量又很大的,可考虑先行破膜,之后浅锄 2~3次,以改善土壤的通透性,促进根系生长。

八、天鹰椒夏栽

137. 天鹰椒夏栽有什么要求?

夏栽天鹰椒首先应保证有足够的生育期(有效积温),使多数果实能够红熟,品质达到市场要求;其次要能获得较好的产量,有较高的经济收入。以冀州市为例,春播天鹰椒生育期≥15℃的积温在4 300℃以上,夏栽天鹰椒在4月底育苗,6月10日前定植,育苗期外界≥15℃的积温在1 000℃左右,田间生长期(6月中旬至10月中旬)≥15℃的积温在3 200℃左右,这样全生育期≥15℃的积温在4 200℃左右,满足天鹰椒全生育期≥15℃的积温3 924℃的热量需求。盛花期在7月底至8月中旬,处在有效花期内,这是天鹰椒夏栽的气象保障。实际生产中,冀州市夏栽天鹰椒的红果率在95%以上,果品品质也接近春播。一般每667平方米产量(红果)在170千克以上,高的达200千克以上,每667平方米收入在1 000元以上,高于夏播粮食作物的收入。具体到各地是否可以夏栽,应先进行小面积试验、示范,取得成功后再推广。

138. 天鹰椒夏栽与春播相比有什么生育特点?

田间调查表明,夏栽天鹰椒与春播天鹰椒相比有着明显的区别。

一是个体发育差。夏栽天鹰椒的植株个体明显小于春栽,株高比春播低10~15厘米,单株分枝数少2~3个,单株干物质仅为春播的81.9%,单株果重为春播的86.3%,说明夏栽天鹰椒的个体发育状况明显不及春播。

二是根系发育差。收获期取样测定表明,夏栽天鹰椒的根系干物质重量仅为春播的 69.1%,根系干物质占单株干物质的比重也明显小于春播。表现为根量少,根展小,入土浅。

三是花期迟。夏栽天鹰椒的初花期在 7 月中旬末,盛花期在 7 月底至 8 月中旬,而春播天鹰椒的盛花期为 7 月下旬至 8 月上旬,盛花期约差 10 天,但仍在有效花期内,故能正常成熟。

139. 阻碍夏栽天鹰椒生产发展的原因有哪些?

夏栽天鹰椒一般上茬接小麦、土豆、葱头等夏收作物,改变了一年一熟的种植制度,实现了一年两熟,增产增收效果明显。但夏栽天鹰椒的栽培面积一直不大,是什么原因阻碍了夏栽天鹰椒生产的发展呢?

一是品种。目前的夏栽天鹰椒生产多是采用春播种子,因春播品种的生长期较长,需要的积温量较大,加上生产过程中存在措施失误或措施落实不到位等问题,从而影响到产量及经济收入。

二是育苗技术不能达到夏栽天鹰椒对秧苗的技术要求。春争日、夏争时,可见农业生产中夏季时间的紧迫性。由于护根育苗技术推广较慢,移栽时大量伤根,致使夏栽天鹰椒移栽后,在强光照及高气温的共同作用下,叶片蒸腾作用强烈,在根系完全恢复吸收功能以前,植株的水分供给失调,叶片失水萎蔫或干枯,乃至脱落。苗期落叶使得缓苗慢,缓苗期延长,最终推迟了植株的生育进程,导致绿椒偏多、效益下降。

三是田间管理技术不配套。夏栽天鹰椒每 667 平方米产量一般为 170 千克以上,高的可达 200 千克。由于夏栽天鹰椒的生育旺盛期正值高温、多雨、强光照的季节,对天鹰椒正常的生长发育来说是不利的。高温虽有利于天鹰椒的生长,但大雨和强光照则会阻滞天鹰椒正常发育进程,而导致晚熟、结椒少。因此,生产上应针对夏季的气候特点采取积极的预防措施,如通过起垄栽培来预防大雨可能造成的土壤缺氧,通过与高秆、高秧作物的间、套作来改善田间的光照条件,创造有利于其生长的地上、地下环境,为夏栽天鹰椒的高产提供技术保障。

140. 夏栽天鹰椒有什么技术要求?

根据夏栽天鹰椒的生育特点及当地的气候条件,在生产中应注意以下几点。

第一,夏栽天鹰椒多与上茬作物接茬,必须保证前茬能适时收获、腾茬,使天鹰椒在 6 月 10 日前定植完。定植偏晚,红果产量将大幅度下降。

第二,夏栽天鹰椒育苗时天气已转暖,为培育大龄壮苗,前期应扣小拱棚,并进行适当的温度管理,扩大苗床面积,使苗距达到 5 厘米以上,为以后的带坨移栽、减少伤根、缩短缓苗期奠定基础。

第三,夏栽天鹰椒根系发育差,个体发育弱,应选择地力基础高、排灌方便的地块种植,同时多施有机肥,为根系生长创造优越的土壤条件,争取获得较高的产量及收入。

第四,夏栽天鹰椒个体发育差,应适当密植,发挥群体优势,一般每 667 平方米栽培株数不应低于 3 万,平均行距可缩小到 30 厘米,为便于移栽及秧苗田间分布均匀,可穴栽双株。

第五,移栽时幼苗必须带土坨,减少伤根,缩短缓苗期。如不带土坨,由于夏季气温高,植株蒸腾量大,呼吸作用强,缓苗期过长会使植株消耗大量的营养物质，推迟生育期，这也是夏栽天鹰椒不易成功、单位产量低的重要原因之一。定植完后应保证田间土壤经常湿润，防止因缺水干旱或雨涝而阻滞天鹰椒的生育进程。

第六，夏栽天鹰椒可在移栽前或缓苗后及早打顶，人为调节植株的生长中心，促进侧枝早发快长。

第七，在防病、防涝措施上可参照春播天鹰椒进行。

141. 夏栽天鹰椒应怎样育苗？

夏栽天鹰椒育苗常用的方法有营养土方育苗和营养钵育苗。

营养土方育苗是将营养土在苗床洇水后，趁泥状将营养土划成3～5厘米见方、深8～10厘米的土块，1天后上面撒1层过筛细土，再撒播种子。营养钵育苗是将种子直接播于直径为5～8厘米的营养钵内，或在幼苗2片真叶期时将幼苗移栽于营养钵内。间苗时每个土方或营养钵内留1～2棵健壮的幼苗。其他管理措施与春季育苗相同。移栽前5～7天，将营养土块用铲刀分别切开，营养钵育苗的也要略加移动，就地囤苗。

夏栽天鹰椒应保证有50天的苗龄，实现壮苗、大苗移栽。视秧苗生长情况，移栽前10～15天停止浇水，控制旺长，降低秧苗水分含量，提高其干物质含量，增加幼苗抗逆能力。

142. 夏栽天鹰椒移栽时应注意什么？

夏栽天鹰椒移栽时，平均气温偏高，北方地区气候干燥、多风少雨，移栽后如何提高秧苗的成活率、缩短缓苗期等问题，在移栽时必须给予重视。

一是做好秧苗锻炼。通过苗床秧苗的控水和控长,使得秧苗细胞液浓度提高、糖类物质浓度提高,植株自身的抗逆能力增强。这一过程是对根、茎、叶各部位器官细胞的锻炼。另外,苗床适量施用钾肥也有利于提高秧苗的抗逆能力。据试验,10 平方米的苗床施用 500 克生物钾肥,不仅秧苗的抗盐碱能力增强,在春季育苗棚膜被大风揭掉后,叶片没有干枯,而对照区被大风揭膜后,有 50% 的幼苗打蔫,其风干叶片占植株总叶数的 25%。可见钾肥在提高秧苗的抗逆能力上作用明显。

二是选择下午或阴雨天移栽。夏栽收获后,高温、干旱、多风的气候条件,使得作物的蒸腾作用十分强烈。夏栽天鹰椒虽然进行营养钵或营养土方育苗,但移栽后根系恢复生长是需要时间的。利用下午或阴雨天进行定植,有利于提高定植后秧苗的成活率、缩短缓苗时间。如在晴天的上午或中午刚过进行移栽,会直接引起幼苗打蔫,轻者损失几片叶片、缓苗期长一点,严重的会导致幼苗死亡,使移栽成活率大大降低。

三是浇好定植水。幼苗定植后,及时浇好定植水,保持充足的土壤水分供给,是提高秧苗成活率的重要措施。有条件的最好进行喷灌,既能有效地补充土壤水分,浇水均匀一致,保持土壤良好的疏松透气性能,又可直接为叶片补充水分,降低叶面温度,降低植株的蒸腾强度,缩短缓苗期,提高成活率。栽苗后切忌漫灌。

143. 如何推进夏栽天鹰椒的生育进程?

夏栽天鹰椒移栽后,面临着生育期短(与春栽相比)、温度高、光照强、降水多等对天鹰椒的生长发育不利的气象条件。

在这种环境中,推进夏栽天鹰椒的生育进程、预防可能造成阻滞天鹰椒生育进程的技术措施,就成了夏栽天鹰椒田间管理的主要内容。

一是经常保持适宜的土壤湿度。把土壤含水量维持在60%～70%的适宜范围内,严防土壤缺水或水分过多,保持土壤良好的供水、供肥和透气性能,始终使土壤根际环境保持在最佳状态,促进根系的呼吸、吸收作用,维持根系旺盛的生命活力是推进夏栽天鹰椒生长发育进程的主要措施之一。

入夏后,气温高、土壤蒸发及作物蒸腾作用强烈,土壤水分流失快。华北地区7月下旬到8月上旬是降水集中期,降水偏多,要注意预防雨涝。浇水要"少量多次"进行,即每次的浇水量宜小,发现秧苗缺水要及时浇,杜绝大水漫灌。否则,一旦浇大水后遇雨,将无法控制土壤含水量,甚至引起涝灾。

二是及早打顶。秧苗移栽成活后,及早进行打顶,去掉顶端优势,改变植株的生长中心,使植株的营养及激素由主要向顶端运输转向下部各侧枝,从而促进侧枝的生长发育。培育健壮、整齐一致的侧枝,有利于增加侧枝的花器数量、质量,增加结实率,提高产量。人力充足的,可在移栽前2～3天在苗床打顶,使秧苗缓苗后,直接进入侧枝发育阶段。

三是加强水肥管理。植物的枝条生长是营养生长,这一时期对土壤养分的吸收以氮肥为主。缓苗后结合浇水,每667平方米追施尿素5～7千克,可改善苗期土壤氮素供应状况,促进侧枝的健壮生长。植株进入开花结果期后,进入了以生殖生长为主的阶段,这时果实需要大量的养分供给,是夏栽天鹰椒一生中需肥量最大的时期,应结合浇水进行追肥,每667平方米追施尿素25～30千克,硫酸钾10千克,以促进果实的发育。

144. 夏栽天鹰椒的病虫害有什么特点？

夏栽天鹰椒田间生育期较短,开花结果期较晚且相对集中。其开花结果期正值夏季的高温多雨季节,也是田间病虫害发生盛期,棉铃虫、玉米螟、茶黄螨等害虫,由于田间嫩梢、嫩果多,易于形成危害;炭疽病、疫病、病毒病因其栽苗晚、秧苗小,夏季较高的光照强度及高温、高湿的外部气候环境也有利于这些病害的发生、流行;夏栽天鹰椒的个体发育情况较差,植株抗逆能力差,是利于病害流行的内在因素。因此,做好夏栽天鹰椒病害的系统防治及虫害的适时防治显得至关重要。在生产上采取措施,促进并保障植株的缓苗、封垄、开花、结果等生育进程的顺利完成,比春播天鹰椒的要求更高。因其生长期较短,外部环境条件较差,生产中要精细管理,特别在喷药、浇水、施肥等管理措施上,一定要格外小心,防止因生产措施失误造成植株落叶、落花、落果。

145. 夏栽天鹰椒是否需要进行地膜覆盖？

夏栽天鹰椒覆盖地膜的作用一是抗旱保水,节减用工及投资,二是栽苗后不久就进入雨季,地膜覆盖有利于田间的排涝管理,保持土壤良好的通透性。但是,夏栽作物地膜覆盖所用地膜与春播不同,它必须用黑色等颜色较深的地膜,而不能用白色的透明膜,目的是利用深色膜自身的吸光特性,将夏季强烈的光线阻挡在土壤之外,防止夏季土壤被暴晒引起土壤温度的大幅度提高。这样可使秧苗根系处在适宜的温度范围之内,保持根系旺盛的生命力,促进秧苗的正常发育。夏栽铺膜的工序与春播相同,首先起垄、铺膜,然后栽苗。

九、病虫害防治

146. 天鹰椒炭疽病有哪些症状？发生条件及传播途径如何？

据资料介绍，辣椒的炭疽病有 3 种：黑色炭疽病、黑点炭疽病和红色炭疽病。常见的是黑色炭疽病，它是由黑刺盘孢菌侵染引起的，可侵染叶片及果实，老叶易被侵染。所以，天鹰椒炭疽病多是从植株的下部叶片开始发病，逐渐向上蔓延。叶片上病斑初时呈褪绿水浸状斑点，逐渐变成褐色，稍呈圆形斑，中间灰白色，上面轮生小黑点。病叶极易脱落，病情严重时可造成大量落叶。天鹰椒果实感染炭疽病较为少见。

带菌的种子以及植株病残体作为炭疽病田间初次侵染的病源，通过雨水、昆虫等媒介物进行传播，实现再侵染，造成田间病害的扩散、传播。天鹰椒炭疽病的发生、流行与空气的温、湿度有密切关系。在高温、高湿（温度 27℃～30℃，空气相对湿度 95％以上）的气候条件下有利于该病的发生流行。尤其是 7～8 月份，温度高、湿度大、降水频繁，是炭疽病的高发和流行季节，应做好药剂防治工作。实际生产中，有的年份在苗床上即可见到病株，初夏遇连阴雨天气，田间也可经常看到病叶、病株。因此，炭疽病是天鹰椒全生育期的常发病害，应给予高度重视。

147. 如何防治天鹰椒炭疽病？

目前对炭疽病尚无特效药剂，一旦发病，就对植株正常的生长发育造成影响。生产中应立足于病害的预防,从生产措施入手,防止病害的发生、流行。

一是选用辣度高的种子,做好种子消毒工作。有资料表明,天鹰椒对炭疽病的抗性与辣度有关,辣度高的种子抗病能力强。

二是培育壮苗,提高植株的抗逆抗病能力。

三是实行 3 年以上轮作,避免连作。

四是多施有机肥,增施钾肥,每 667 平方米施硫酸钾 15 千克做基肥。

五是半高垄栽培,地膜覆盖,减少染病机会。

六是在 6～8 月份,每 7～10 天喷 1 次药,进行病害的系统药物防治。可选用的药剂有:50%多菌灵可湿性粉剂 500 倍液,或 70%甲基托布津可湿性粉剂 600 倍液,或 65%百菌清可湿性粉剂 600 倍液等,选 2～3 种药剂轮换使用,可起到较好的保护、预防效果。药剂使用浓度按说明书配制。因病菌主要从叶背面侵染,喷药时主要喷中下部叶片的叶背面,每 667 平方米每次用药液不少于 50 升,喷匀喷透。若 2 次用药间隔期内遇雨,雨后及时补喷,天气干燥时,可将用药间隔期延长到 10～15 天。

148. 天鹰椒日烧病的特征及发生原因是什么?

天鹰椒日烧病,又名日灼病,主要危害果实,表现为果实向阳面坏死,呈淡黄色或白色皮革状,湿度大时病斑易被杂菌腐生,长出霉层或腐烂,病果的商品价值极低。

天鹰椒日烧病是一种生理性病害,属植物代谢障碍疾病。其原因是植株生长中后期根系衰老、吸收能力下降,在天气干热时,过强的阳光照射果实表面,致使果实向阳面局部温度过高,造成果实局部细胞死亡而形成坏死斑。在土壤缺水严重及早衰倾向明显的地块,一般发生严重。

149. 如何预防天鹰椒日烧病?

天鹰椒日烧病属植物代谢障碍疾病。合理密植,加强前期的水肥管理,促进秧苗在7月上旬前封垄,有利于降低土壤温度,减轻夏季高温危害。增施有机肥、适当起垄、覆盖地膜,可有利于培育强壮的根系,增强根系活力,维持良好的土壤供水供肥能力,这对防止根系早衰、维持根系的正常代谢、减轻日烧病危害是有益的。另外,与玉米、架豆等高秆作物间作,可明显地改善田间小气候。据河北省沧州市农林科学院试验,玉米、辣椒按1∶4的行比种植时,盛夏时期间作辣椒顶部光强仅为单作辣椒光强的84%,中午气温间作低于单作,日烧病的发病率明显降低。

与高秆或高秧作物间作应注意以下几点:一是设置与间作物的行比时既要考虑遮荫效果,又要便于田间操作、排灌。二是间作物生长旺盛期与辣椒存在着激烈的水分、养分竞争,应加强水肥管理,防止主作作物受到较大影响。三是注意前期治蚜,预防玉米粗缩病的发生。四是8月中旬后注意采取措施(削天穗或拉秧),改善田间的通风透光条件,促进天鹰椒果实的后期发育,防止间作物影响天鹰椒的产量及品质。

150. 天鹰椒疫病有哪些症状? 如何防治?

辣椒疫病是由辣椒疫霉真菌侵染引起的。该病在全生育期均可发生,以成株期危害最重。其症状是首先在植株的分权处出现暗绿色病斑,并向上下或绕茎迅速扩展,病斑以上枝条死亡;拔起病株,可见茎基部一周变褐色,部分根系腐烂死亡。该病属毁灭性病害,病害以浇水或雨水传播,暴雨后及浇水后遇中到大雨极易引起该病的流行。

天鹰椒疫病属土壤传播病害,在气温 30℃以上、空气相对湿度 95％以上的气候条件下,病情发展快,来势猛。对此病尚无特效药剂,生产中一旦大面积发生疫病,很难治疗,产量损失很大,生产上要采取积极的预防措施。

一是实行起垄覆膜栽培,这是预防疫病的有效方法。

二是避免与茄科作物连作,实行 3 年以上轮作制。

三是增施有机肥及钾肥,避免氮肥施用过多。

四是收获后及时清洁田园,将植株病残体集中烧毁。

五是避免大水漫灌,实行沟灌、畦灌或喷灌,避免在大雨前浇水。

六是用 1％甲醛溶液浸种 30 分钟,捞出后冲净种子表面的药液,可杀死种子表面的部分病原菌。

七是发病初期选用 40％乙磷铝可湿性粉剂 200 倍液,或 25％甲霜灵 500 倍液,或 72％克抗灵 600 倍液等药剂喷洒植株及地表,使药液顺茎秆流入根部土壤,每 667 平方米喷药液 50 升以上,每 6～7 天喷 1 次,连喷 2～3 次,对病情有一定的控制作用。

151. 天鹰椒病毒病有什么特点？发生条件及传播途径如何？

天鹰椒病毒病是全株性病害,各个器官均可受害并表现症状。幼苗感病,叶片呈黄绿相间的斑驳,叶面凹凸不平,有时生有轮纹状的坏死斑,有时病叶边缘向上卷曲,叶片变窄小,株型矮化,果实变小、畸形,花果提早脱落。从苗期到成株期整个生育期都可发病。田间生产调查中,在开花初期即可见到病叶、病株,病叶以黄化型为主,其他类型较为少见。

天鹰椒病毒病的病原菌有烟草花叶病毒、黄瓜花叶病毒等,在田间多表现为多种病毒的复合侵染。带菌种子、植株病残体都可以成为田间初次侵染的菌源;播种、间苗、打顶、吸烟、蚜虫、白粉虱均可引起病毒病的田间传播。在气候干旱、气温 30℃ 以上、有翅蚜多的情况下,有利于病毒病的发生,在重茬地、低洼地、前期生长不良、封垄较晚的地块,也易引发病毒病。而气候潮湿、气温较低的情况下,则不利于该病的发生及传播。

冀州市的天鹰椒辣度较高,种植近 20 年来,田间未出现过病毒病的大发生及流行,所以笔者认为冀州小椒属抗病毒病能力较强的一类,冀州市密植、促早熟的栽培方法也不利于天鹰椒病毒病的发生。

152. 如何防治天鹰椒病毒病?

到目前,对天鹰椒病毒病尚无特效药剂,该病一旦发生,很难根治,生产中重在预防。

一是选用抗病品种及无病株留种。因种子可以带毒,成为田间初次侵染的毒源,要禁止用病株的种子留种,选用抗病品种,降低田间感病机会。另外,播种前先用清水浸种 10 分钟,再放在高锰酸钾 1 000 倍液的溶液中浸种 10 分钟,用清水冲净药液后播种,可降低种子带病毒数量及其活力,降低田间发病率。

二是选地势高燥、非重茬、水肥条件好的地块种植。

三是提早播种,培育大龄壮苗,适时移栽。

四是合理密植,适时打顶,促进田间早封垄。

五是增施有机肥及钾肥,加强田间管理,促进田间早封垄。

六是及时防治蚜虫、白粉虱、红蜘蛛等传毒害虫,减少害虫传毒,减轻病害的田间传播。

七是植株病残体集中烧毁,严禁沤肥后返回天鹰椒田间。

153. 为害天鹰椒的害虫主要有哪些?

为害天鹰椒的主要害虫可分为两大类:即刺吸口器害虫和钻蛀性害虫。

刺吸口器害虫主要有蚜虫、红蜘蛛、茶黄螨、白粉虱等,它们除吸食植株汁液,降低植株营养水平,抑制植株的生长发育等直接为害外,还是某些病害(如病毒病)的重要传播媒介,其刺吸口器造成的伤口,也有利于炭疽病等病原菌的侵入,虫害严重时还可直接诱发植株大量的落叶、落花。

钻蛀性害虫主要有棉铃虫、甜菜夜蛾、玉米螟等,它们以幼虫为害,可咬食心叶、花、蕾、果,引起器官的脱落或使果实丧失商品价值。

154. 如何区别天鹰椒病毒病与茶黄螨的危害症状?

生产中天鹰椒病毒病易与茶黄螨的危害症状相混淆,而造成防治对策的失误,贻误防治时机,给生产造成不必要的损失。

危害症状相同点:两者均可造成叶片变小,叶色变黄,叶面凹凸不平,花、果提早脱落,果实变小、畸形等症状。

危害症状不同点:天鹰椒病毒病可全生育期侵染危害,患病植株一般矮小、节间短缩。高温干旱年份有利于蚜虫的繁殖及病毒病的发生、传播,封垄晚的地块发生严重。茶黄螨多在 7～8 月份的高温高湿季节发生为害,植株也不矮小。茶黄螨主要为害嫩尖、嫩叶、嫩果,可用放大镜看到黄白色小虫。7～8 月份田间嫩枝、嫩尖多的晚发椒田、夏栽椒田易受茶黄螨为害。

155. 如何防治蚜虫、盲椿象?

蚜虫又称蜜虫、腻虫,是为害天鹰椒的主要害虫之一。为害辣椒的主要蚜虫有棉蚜、菜蚜、高粱蚜等。蚜虫的发生与气候条件关系密切。初夏天气干旱、气温在 18℃～26℃适于蚜虫的繁殖、生长,旱象越重,蚜虫越猖獗;7～8 月份的连阴雨天气则有利于伏蚜的发生。

在蚜虫的防治中,一是要清除四旁及田间杂草,减少蚜虫的寄主植物。二是在秧苗移栽前 2～3 天施药治蚜,防止苗床蚜虫进入田间。三是与其他作物间、套作种植,为害虫天敌提供栖息场所,实现害虫的自然控制,减少田间用药。四是在害虫数量较大时,可选用 4.5％高效氯氰菊酯乳油 1 000 倍液,或 10％吡虫啉可湿性粉剂 1 000 倍液,或 90％敌百虫晶体 1 500 倍液等高效低毒农药除治。

盲椿象又叫棉盲蝽,属杂食性害虫,以为害棉田为主,近 2 年在天鹰椒上也经常见到其为害顶尖、叶、花蕾、幼果等器官。顶尖受害后导致叶枝丛生,叶、花、蕾等器官受害则造成相应的器官脱落或干枯、死亡。

棉盲蝽一年发生 5 代,一代发生盛期在 5 月上旬、二代盛期 6 月中旬,三、四、五代分别为 7 月中旬、8 月中旬、9 月中旬,世代重叠现象严重。在天鹰椒上以二、三、四代为害较为严重。降水多、湿度大的年份有利于盲椿象的发生。其成虫具有迁飞能力,所以防治中提倡群防群治。对盲椿象的防治除注意当地植物保护部门的病虫害发生时间及发生程度预报外,也要注意其田间危害情况,本着"治早治小治了"的原则,及早发现及早防治。清除田间及其周围杂草,消除盲椿象的栖息环境;二、三、四代发生盛期,在一早一晚施药防治,可用4.5%高效氯氰菊酯乳油 1 000 倍液加 10%吡虫啉可湿性粉剂 1 000 倍液混合喷雾,每 5～7 天 1 次,连续防治 3～4 次。

156. 如何防治红蜘蛛、茶黄螨?

红蜘蛛又叫棉红蜘蛛、红虱子,椭圆形,鲜红色,群居在叶片背面刺吸植物汁液。被害部位最初出现小白点,近叶片主脉的基部出现红色斑点,几天后全叶变黄枯焦,严重时叶片变锈色,如火烧状,造成叶片脱落,植株早衰。红蜘蛛喜高温干旱的气候环境,在日平均气温 25℃ 以上、空气相对湿度 70% 以下时繁殖快,虫口密度增加迅速,往往造成暴发性危害。

茶黄螨体型较小,成螨体长约 0.2 毫米,体色淡黄色至橙黄色,螨体半透明,因其体小色浅,肉眼不易看到,在生产中不易被察觉,致使受害后找不到原因,贻误防治。在日平均气温 22℃～25℃、空气相对湿度 80% 以上时有利于其繁衍。田间为害期主要在 7～8 月份。它有明显的趋嫩性,集中在嫩尖及花簇上为害,可造成叶片变小,叶色变黄,花、果脱落,果实变小畸形等症状。

红蜘蛛和茶黄螨同属螨类,在用药种类上相同。生产中应注意清除田间杂草、减少害虫的寄主植物,在药剂防治上可选用 50%硫悬浮剂 300 倍液,或 30%灭杀毙 5 000 倍液,或1.8%阿维菌素 5 000 倍液等药剂,防治红蜘蛛重点喷中下部叶片,防治茶黄螨重点喷嫩叶、嫩尖。每 7～10 天喷 1 次,连喷 2～3 次,会取得较好防效。

157. 如何防治棉铃虫、甜菜夜蛾、玉米螟？

棉铃虫、玉米螟是华北地区的常见害虫，多数年份为害较重，甜菜夜蛾在多数年份为弱势群体，个别年份呈暴发性危害。由于它们直接取食植株的叶、花、果等器官，对产量的影响很大。在这类害虫的防治中，首先应注意当地植物保护部门的虫情预报，抓住最佳时机进行防治，将害虫杀死在二龄以前。生产中仍以药剂防治为主，可选用 4.5％高效氯氰菊酯乳油 1 000 倍液，或 10％吡虫啉可湿性粉剂 1 000 倍液或 Bt 制剂等农药，复配或单剂喷洒。有条件的可用黑光灯、昆虫激素诱芯诱杀成虫。

十、收获贮藏

158. 天鹰椒何时收获为好？能否使用催熟剂催红？

　　天鹰椒是喜温作物,当外界气温低于 10℃时,植株便停止生长,果实内的养分转化也很慢,这时是收获的最佳时期。实际生产中,也可分次采摘红果,随红随摘;当天鹰椒田内有 90％以上的天鹰椒已经变红,时间又较早时,也可提前收获,为下茬作物腾地。其收获方法比较简单,将天鹰椒秧砍下,就地晾晒 5～7 天,使植株失去部分水分后,再放于阴凉通风处逐渐阴干。

　　对田间绿果较多的地块喷施 40％乙烯利 1 000 倍液,能促使部分绿果转红,提高果品的商品等级,增加种植收入。使用乙烯利催熟时,一要注意必须在日平均气温 10℃以上使用,乙烯利才能发挥其应有的作用,日平均气温低于 10℃时施药,乙烯利在植株体内不能进行化学转化,释放出具有催熟作用的乙烯,故喷药是无效的;二要注意施药浓度不能过高,否则会引起大量的田间落果,大大增加劳动量。在天鹰椒收获后,将天鹰椒秧码放齐整,果实朝外,再喷施乙烯利溶液。喷药后用塑料薄膜盖严,密闭 3～5 天,既减少了劳动强度及用药量,也有同样的催红效果,但天鹰椒秧不能堆得过厚,以防捂垛导致果实腐烂变质。

　　乙烯利是一种化学催熟激素,植物吸收后,必须在其体内转化为乙烯才能起到催红作用。在这里,温度是一项关键的气象因子,只有日平均气温在 10℃ 以上,并维持 3～5 天,乙烯利才会起到它应有的作用。使用前务须牢记这一点,天气阴冷、气温低于 10℃ 喷施无效。

159. 天鹰椒的果实如何干制?

现在常用的是自然阴干,即将天鹰椒秧收获后,在田间晾晒 5～7 天,之后放于阴凉通风处,不断倒晾(上下倒、内外倒),使天鹰椒秧不断脱水。经几次倒晾,叶片脱落,茎秆失去大部分水分后,将天鹰椒秧果实向外堆垛,垛底垫上木棍,以防积水及潮气,以后天气干燥就不用倒垛,如空气湿度大,应继续倒垛两三次。存放期间遇阴雨天气,垛上要及时覆盖塑料薄膜防雨。至天鹰椒果实用手摇动发出沙沙响声时,表明天鹰椒果肉已干,籽、皮分离,这时就可以将天鹰椒摘下来,分级后出售。

但阴干法也有其局限性。遇到深秋的连阴雨天气,空气湿度大,阴干法就不适用了,这种年份就应该进行烘干。否则,将有可能导致果实霉烂变质,失去商品价值。天鹰椒烘干是一项专门技术,修建烘干设施及果实的烘干都有着较高的技术要求,如欲修建烘干房最好先与有关部门联系。

因晒干的果实色泽变浅、降低了商品等级,故辣椒不能直接暴晒。分次采摘的果实,要放于通风阴凉的环境中,不可直接暴晒,最好下面铺 1 层苇箔,上面盖苇箔或遮阳网,形成阴凉、通风的小环境。

160. 家庭如何贮存天鹰椒?

天鹰椒干制、采摘、分级工作完成后,有的就立即卖掉了。在价格不理想的年份或种植比较分散的地区,就有可能进行短期的贮存。那么,如何存放呢?

天鹰椒果实达到商品要求的干燥度(含水量 14%以下)后,有利于抑制病原菌对果实的侵染,同时能够抑制天鹰椒果实体内酶的活性,达到长期保存、利用的目的,这是进行椒干贮存的前提。另外,贮存环境应干燥、通风、透气性好,禁止露天存放,禁止与有毒、有污染和潮湿物品混贮。贮存期定期检查,每 7～10 天定时通风,排除室内潮气,防止椒体霉烂变质。

因天鹰椒散发强烈辛辣气味,对人、畜的呼吸道有强烈的刺激作用,故家庭中的贮存间应与人、畜居住地分开。贮存的天鹰椒用透气性好的麻袋、塑料编织袋装好后,不要直接堆码在地上,而应在地上垫 1 层木头或石、砖等材料,与地面间形成 1 个透气空间。贮存天鹰椒的房间还应进行适当的避光处理,在强光的长期照射下,天鹰椒的红色素会逐渐分解,而降低商品品质。再就是贮存间的环境温度最好在 20℃～25℃。需要注意的是,家庭不宜经年贮存,随着存放期的延长,天鹰椒的重量减轻,色泽变差,经过夏季高温季节后,一般会降低 1～2 个商品等级。

附录1　天鹰椒无公害生产技术规程

1. 范　围

本标准规定了无公害天鹰椒生产的基础条件、产量指标、主要栽培技术及病虫害防治措施。

本标准适用于衡水市无公害天鹰椒生产。

2. 规范性引用文件

下列文件中的条款通过本标准的引用而成为本标准的条款。凡是注日期的引用文件,其随后所有的修改单(不包括勘误的内容)或修订版均不适于本标准,然而,鼓励根据本标准达成协议的各方研究是否可使用这些文件的最新版本。凡是不注日期的引用文件,最新版本适用于本标准。

GB 8079—1987　蔬菜种子

DB 13/310—1997　无公害农产品产地环境质量标准

3. 产量指标

$225kg/667m^2$

4. 环境条件

土壤、灌溉水、大气质量应符合 DB 13/310—1997 的要求。

5. 培育无病虫壮苗

5.1 品种选择

选丰产性好、商品性状优良的品种。种子质量应符合 GB 8079—1987 中的二级以上要求。

5.2 种子处理

5.2.1 浸种

2种方法,可根据病害任选其一。

a. 防治病毒病:将种子置于烘箱内70℃处理72h,或用1‰的高锰酸钾溶液浸种20min,然后用清水冲洗2遍即可催芽。

b. 防治炭疽病和疫病:用55℃温水浸种10 min,再放入冷水中冷却,然后催芽播种。

5.2.2 催 芽

用以上方法处理后进行催芽:将处理好的种子用湿布包好放在瓦盆里,用湿布盖严,温度控制在28℃～30℃。每天用温水冲洗1次,50%的种子出芽时播种。

5.3 育苗时间及场地

3月上中旬在阳畦或小拱棚内育苗。每667m² 定植用种150g,用苗床19m²。

5.4 营养土配制

选用3年未种过茄科作物的园土60%与充分腐熟过筛的有机肥40%混合均匀。同时每立方米掺入腐熟鸡粪10kg、过磷酸钙2kg、硫酸铵1kg。混合后在苗床内铺10cm厚。

5.5 播种方法

苗床做好后,浇足底墒水,水渗后撒一层细潮土,将种子均匀撒播于苗床内,然后盖细潮土1cm厚。

5.6 苗期管理

5.6.1 温度管理

播种后,保持畦内日温25℃～30℃,夜温16℃～18℃;出苗后日温22℃～28℃,夜温14℃～16℃。

5.6.2 囤　苗

定植前 7～10 天,浇 1 次水,1～2 天后,从苗床一端用苗铲按 5cm 见方,深 7～10cm,把苗带土坨起出,就地囤苗,逐步将日温从 25℃ 降到 18℃,夜温由 16℃ 降到 12℃。

5.6.3 苗蚜防治

用 10% 的吡虫啉 1 500 倍液或 40% 乐果 1 000 倍液。

6. 定植

6.1 前　茬

为非茄科作物。

6.2 定植时间

于 4 月底 5 月初定植。

6.3 施基肥

每 667m² 施腐熟圈肥 7m³,磷酸二铵 20kg,折合硫酸钾 10～15kg。

6.4 定植

造墒、整地后,起 10～15cm 高的垄,垄宽 50cm,垄间距 30cm。垄上盖膜,打孔放苗。每垄栽 2 行,行距 30cm,株距 16～17cm。

7. 定植后管理

7.1 打　顶

植株 14～16 片叶打顶,打顶后顺沟浇水,每 667m² 追施尿素 7～8kg。

7.2 水肥管理

进入初花期,掌握地表湿润,见干浇水,结合浇水追肥1～2 次,每 667m² 追施尿素 10kg,硫酸钾 5～10kg。

8. 病虫害防治

防治原则：以防为主，防重于治，综合防治，以栽培防治和生物防治为主，以药剂防治为辅。在药剂防治上优先采用粉尘法，杜绝禁用农药的使用，采用高效低毒、低残留、残效期短的农药，并注意轮换用药、合理混用和不在安全间隔期内采收。

8.1 病害防治

8.1.1 炭 疽 病

发病初期用 50％混杀硫悬浮剂 500 倍液，或 80％炭疽福美可湿性粉剂 600 倍液，或 77％可杀得可湿性粉剂 300 倍液喷雾，连喷 2 次，每 7～10 天喷 1 次，降雨后及时加喷 1 次。

8.1.2 疫 病

田间发现中心病株后，用 50％甲霜铜 800 倍液，或 72.2％普力克 600 倍液灌根。发病初期可用 64％杀毒矾可湿性粉剂 500 倍液，或 70％乙磷铝锰锌可湿性粉剂 500 倍液喷雾，使药液顺茎秆流入根部，连喷 2～3 次，每 6～7 天 1 次。

8.2 虫害防治

8.2.1 棉 铃 虫

当百株卵量达 20～30 粒时开始用药，选 Bt 乳剂 200 倍液，或 1.8％阿维菌素 3 000 倍液，或 10％联苯菊酯乳油3 000倍液喷雾。

8.2.2 甜菜夜蛾

参照棉铃虫的防治方法。

9. 收获、晾晒

秋季气温低于 15℃后即可酌情收获，收获后分散晾晒。

附录 2 冀州市地理环境、土壤和
农业气候概况

某一地区的地理位置、地势、土壤状况、气候特点等自然资源条件,对其栽培作物的产量、品质有着巨大的影响。某一地区,某作物经过多年的栽培,其技术水平不断完善、提高,可形成其独特的栽培技术体系。在新品种、新技术的引进、推广上,应首先分析引进地的自然资源特点、生产习惯等要素与本地的差异,坚持试验、示范、推广 3 步走的路子,不断消化、改进、完善技术措施,才能达到预期的目的。兹将冀州市基本自然资源概况一并介绍给读者。

一、地理环境

冀州市位于华北平原中部,属于黑龙港流域,在北纬 37°23′～37°44′、东经 115°10′～115°39′之间。境内地势平坦,一般海拔高度 21.5～26.5 米。

二、农业气候概况

冀州市属于北半球暖温带半干旱区,受东亚季风气候的影响,四季分明,冷暖干湿差异较大。夏季受太平洋副高边缘的偏南气流影响,潮湿闷热,降水集中;冬季受西北季风影响,在蒙古冷高压的控制下,西伯利亚的冷空气时常袭来,气候干冷、降雪偏少。春季干燥多风升温快,秋季多天高气爽,有时有连阴雨天气。

1. 太阳辐射 年太阳辐射总量为 123.664 千卡/平方厘

米,5～9月份为农作物主要生长期,太阳辐射总量为65.086千卡/平方厘米。

2. 光照 年光照总时数为2 571.2小时,年日照百分率为58%,7、8月份阴天稳定系数分别为69%和73%。

3. 气温 年平均气温12.7℃,7月份最热,为27℃,1月份最冷,为-4.3℃。

4. 地温 年平均地面温度为15.6℃,6月份最高,为32.6℃,1月份最低,为-12℃。5厘米地温年均温度为14.1℃,稳定通过≥12℃的初日为4月5日。

5. 水分资源 年降水量510.3毫米,夏季为342.5毫米,占全年的67%,春季为56.2毫米,秋季为98.8毫米,冬季只有12.4毫米。位于华北的干旱中心位置。年降水相对变率为23%。春、夏、秋、冬四季的降水相对变率分别为59%、26%、37%、63%。年降水保证率80%和90%的降水量分别为408.2毫米和459.3毫米。

三、土壤概况

冀州市属河流冲积平原,境内地势平坦。土壤类型属潮土区,表层土壤质地偏轻,以沙壤和轻壤为主。土壤平均有机质1.2%,碱解氮50毫克/千克,速效钾100毫克/千克,速效磷15毫克/千克。

参考文献

1. 庄灿然,吕金殿,梁耀琦. 中国干制辣椒. 中国农业科技出版社,1995

2. 李学敏. 夏玉米辣椒间作的植群生态效应研究. 河北农业科学,1994(4)

3. 蒋连森. 朝天椒高产优质栽培技术. 中国农业出版社,1996

4. 尚兴甲等. 氮磷钾肥料对天鹰椒养分吸收量及干物质产量的影响. 土壤肥料,2002(5)

5. 华中农学院、东北农学院主编. 蔬菜病理学. 农业出版社,1980